活出人生的厚度

刘建华 编著

吉林文史出版社
JILIN WENSHI CHUBANSHE

图书在版编目（CIP）数据

活出人生的厚度 / 刘建华编著. -- 长春 : 吉林文史出版社, 2019.9

ISBN 978-7-5472-6461-4

Ⅰ.①活… Ⅱ.①刘… Ⅲ.①成功心理－通俗读物
Ⅳ.①B848.4-49

中国版本图书馆CIP数据核字(2019)第161379号

活出人生的厚度

HUOCHU RENSHENG DE HOUDU

编　　著　刘建华
责任编辑　王丽环
封面设计　韩立强
出版发行　吉林文史出版社有限责任公司
地　　址　长春市净月区福祉大路5788号
网　　址　www.jlws.com.cn
印　　刷　天津海德伟业印务有限公司
版　　次　2019年9月第1版　2019年9月第1次印刷
开　　本　880mm×1230mm　　1/32
字　　数　145千
印　　张　6
书　　号　ISBN 978-7-5472-6461-4
定　　价　32.00元

前　言

年光似鸟翩翩过，世事如棋局局新。

从互联网到移动互联网，从 2G 到 3G 再到 4G、5G，变化让人眼花缭乱、应接不暇。

经常听到身边的人感叹"一不小心就老了""跟不上时代了"。很多三四十岁的人，觉得自己老了，因为跟不上时代，搞不懂新词汇，理解不了新技术……

变老是一个自然的过程，你睡觉还是不睡觉你都在变老，你做事还是不做事你也都在变老，它是一个不可阻挡的过程。但是，成长是一个自己心理上变化的过程。长大了是自然属性，成长是心灵属性。你不可以决定这不成长了，但可以决定这开始加速成长。所以，通常我们说成长的时候，是说这个人思想变得成熟，心灵变得充实，能力不断增加，经验更加丰富，意志更加坚强，个性更加圆润等等。

流年似水，岁月蹉跎。在我们身边，不乏有年轻的"老人"，他们年纪大多 40 岁上下，却一副油腻老气的样子，没有半点做事的激情。他们在得过且过中浑浑噩噩地终其一生。他们总是喜欢说："要是我能年轻 10 岁就好了。"有趣的是：这些人在 10 年后还是这样说。

固然，成功离不开机遇。但身处现在这样一个充满机遇的时代，我们应该把握好自己的心态，果断地抛开那些怨天尤人却并无任何益处的情绪。这个社会还有更多的地方，值得我们去发现、去展示、去创造。

我们无从选择要不要来到世间，也很难选择人生的长度。我们唯一可以选择的是：如何快乐进去活出人生的厚度。

目　录

第四章　虽有智慧，不如乘势

第五章　积蓄力量，做好准备

第六章　结交一些高质量的朋友

第七章　咬定青山不放松

第八章　业精于勤，荒于嬉

第九章　用高尚的品格增加人生厚度

第十章　低调做人，高调做事

第十一章　终身学习，才会永葆青春

第十二章　别为了事业而牺牲幸福

第一章　人没理想，跟咸鱼无异

人没有理想和条咸鱼有什么区别？

现在的你，理想还有吗？志向还在吗？

无志空长百岁

理想与志向不仅是人生目标，也是一种力量。它可以使人奋发有为，将自己拥有的本领发挥出来，将自己所掌握的条件调动起来，更重要的是还能把自己的潜能开发出来。如果一个人没有志向，即便他继承了万贯家财，风度翩翩，相貌出众，有着深厚的教育背景，也不能说明他有力量，因为这一切都被闲置在那里，白白地浪费掉了。

有一则寓言故事说：

被人收养的家龙和野龙碰上了。家龙说："你这是何必呢？总是在天地之间往返不停，天冷了就藏起来，太阳出来了又再飞上天，你不累吗？要是能跟我这样住得舒舒服服地，不是很好吗？"

野龙仰起头来，笑着说："你怎么到了如此地步！上苍赋予我们形体，头顶角身披鳞；上苍赋予我们品性，下能潜到源泉，上能直插云天；上苍赋予我们灵气，可吐云乘风；上苍赋予我们职责，抑制骄阳，滋润大地。我们能看到宇宙之外，栖居在八荒之野，穷尽万物的开端和变化。这难道不是最大的快乐吗？"

俗话说，无志空长百岁。没有志向的人，就像断线的风筝一样，只会在空中东摇西晃，最后必然会丧失前程，度过一个糟糕的人生。

1953年，美国哈佛大学曾对当时的应届毕业生做过一次调查，询问他们是否对自己的未来有清晰明确的目标，以及达成目标的书面计划，结果只有不到百分之三的学生有肯定的答复。

二十年后，研究者再次访问了当年接受调查的毕业生，结果发现那些有明确目标及计划的百分之三的学生，他们不论在事业成就、快乐及幸福程度上都高于其他人。尤其甚者，这百分之三的人的财富总和，居然大于另外百分之九十七的所有学生的财富总和。

人生不是买彩票，就算是买彩票中奖，在运气的背后，又有着多少的艰辛计算呢？智利诗人聂鲁达说："每次偶然的际遇都是早有安排。"

在我们的人生中，所有看似神话与奇迹的，其实大都来源于精心细致的准备，而给这种准备以力量的，毫无疑问，正是远大的目标与志向。

有些人没有远大的志向，他们对于生活的前路顾虑重重，甚至自暴自弃。所以，在生活中，他们总是走走停停，蹒跚而行，也总不免磕碰得头破血流，却依旧抱残守缺，不思进取。

另外一些人，站在高高的山岗上，怀揣着一颗滚烫热血的雄心，向辽远的天空投眼望去。纵然他人笑骂误解，纵然前路雾满迷津，他们依旧如斯，眼观寰宇，神思太极。任何东西都无法阻挡他们的视野。

而我们每一个人，在人生的行径上，也应该向上面所说的一样，给自己的飞行寻找一个心灵的高度。只有这样，我们的人生才不会堕入庸常的河流，到头来只是天增岁月人增寿，一年一年蹉跎岁月，直到老了，更老了……除了老，一无所有。

做燕雀还是鸿鹄

　　"我是一只小小鸟，想要飞呀飞却飞也飞不高……"对于我们许多人来说，身处茫茫如海，精英达人、高官巨贾满布的社会中，很多时候便像是一只身微力弱的小小鸟般，难以飞上九重云霄。无数的挫折与磨难不断在磨损我们的耐心与坚持，有些人放弃了，只抱起一条枝头，偏安了下来。还有一些人，始终心怀着一颗飞向高空的梦想，不懈努力，他们相信，纵然我只是一只小燕雀，总有一天也能够成为鸿鹄。

　　陈胜是我国历史上第一次农民起义的领袖。据《史记》记载，陈胜小时候非常穷苦，他出身雇农，从小就给地主做长工，为人耕种，深受压迫和剥削，常常是连饭都吃不饱，衣不遮体。

　　当时正值秦朝末年，政治统治残暴，人民怨声载道。陈胜虽然身受奴役，却始终心怀大志，不甘于任人宰割的命运。有一天耕田的时候，他对同样深受剥削的同伴们说道："苟富贵，无相忘。"这句话的意思是，以后如果咱们谁富贵了，可千万别忘了当初一块儿吃苦受累的穷兄弟啊。可是，大伙听了都觉得好笑，他们讥笑陈胜道："咱们不过是卖力气给人家种田，怎么还会富贵呢？"陈胜看着大家的表情，只得叹息道："燕雀安知鸿鹄之志哉！"他想，你们这些像燕雀一般不思进取的人，又怎么能了解我那鸿鹄般辽阔高远的志向呢？陈胜于是不再言语了，只在心中慢慢积累着实现大志向的力量。

　　皇天不负苦心人。没过多久，陈胜的机会就来了。秦二世元年（公元前209年）七月，朝廷大举征兵去戍守渔阳，陈胜也在征发之列，并被任命为带队的屯长。他和其他九百名穷苦农民在两名秦吏押送下，日夜兼程赶往渔阳。当行至蕲县大泽乡时，遇到连天大雨，道路被洪水阻断，无法通行。大伙眼看抵达渔阳的期限将近，急得像热锅上的蚂蚁，不知如何是好。因按照秦的酷律规定，凡所征戍边兵丁，不按时到达指定地点者，是要一律处斩的。在生死存亡的危急关头，陈胜毅然决定谋划起义。这一天晚上，陈胜悄悄找同是穷苦人出身的另一位屯长吴广商议。陈胜对吴广说："这儿离渔阳还有上千里路程，怎么也不能按期抵达渔阳了，我们现在的处境，去也是送死，逃亡被抓回来也是死，与其都是死，还不如选择为国家而死，干一番大事业？"经过一席交谈，吴广很佩服陈胜的胆略，也觉得他的主意符合当时的人心，便决定跟从陈胜，起义反秦。接着，他们一番谋划，定计在戍卒中间树立起了陈胜的威信。

这时候，陈胜见时机基本成熟，便趁势同吴广一起除掉了押送他们的秦吏。之后，他们把九百名戍卒召集在一起，鼓励他们揭竿而起，反抗命运的不公，陈胜铿锵有力地说道："大家想想，难道王侯将相便是天生的贵种吗？"这一句话，点燃了众人的壮志豪情，他们齐声高呼应和道："我们愿听从您的号令！"

于是，中国历史上的第一次农民起义就这样爆发了。而陈胜作为起义的领袖也终于实现了早年那个向往高远天空的鸿鹄之志。许多年过去后，纵然他起义失败，然而他的故事还始终被当年一同劳作的同伴以及他们的后代传唱着。

他们许多人都知道，在很久以前，在这一片麻雀窝中曾飞出过一只与众不同的鸿鹄。可是许多人却不知道，这一只鸿鹄之所以能够搏击长空，那是因为他的身上插着一双由辽远大志织成的翅膀。

让心灵走一次长征

"路漫漫其修远兮，吾将上下而求索！"

早在两千多年前，我国伟大的爱国诗人屈原便发出了这样的呼声，而他的一生也正是这句话最好的注脚。屈原早年深受楚怀王信任，在担任左徒、三闾大夫期间，他励精图治，勤政爱民。在屈原的努力下，楚国国力有所增强。但由于自身性格的耿直加上他人的谗言与排挤，屈原逐渐被楚怀王疏远。以至于到了后来，一腔热血抱负的屈原被楚怀王逐出郢都，流放到汉北。流放期间，纵然是遍尝艰辛，但屈原始终心怀故国，不敢忘却。公元前278年，秦国大将白起挥兵南下，攻破了郢都。屈原看到国破家亡，在绝望和悲愤之下，最终怀抱大石投汨罗江而死。

贤人已矣，但精神永存。屈原的故事和他的话语，对于我们后来人来说，是宝贵的财富，他告诉我们，在人生的漫漫长途中，无论面对怎样的困苦磨难，都要顽强而坚韧地走下去。就像是巴尔扎克说的那样："挫折和不幸，是天才的晋身之阶、信徒的洗礼之水、能人的无价之宝、弱者的无底深渊。"唯有在这一场长征中，坚忍地坚持下来，才能获得人生的大成功。

但我们要明白，这样的成功不在于一时一地、一分一寸，也不是财富的积累和物质的充实，更不关乎头衔的多少与名声的大小。它是一种人生境界上的完满，或者说，这是我们心灵的胜利。

《读者》上曾经有过这样一则故事：

希拉里·利斯特是一位33岁的英国妇女。她自幼喜爱运动，然而17岁时，她却被确诊为患有罕见的"反射性交感神经营养

不良综合征"，也就是说，她的运动能力出现了问题。到了 1999
年，利斯特结婚时，连胳膊也不能动弹。现实的巨大打击，让利
斯特难以承受，一天晚上，不堪痛苦折磨的利斯特准备自杀。可
这时候她发现，自己居然连自杀的能力也丧失了。

　　2003 年，一位邻居为了缓解利斯特心中的郁闷，带她进行了
一次航海旅行。让人没有想到的是，利斯特由此居然一发不可收
拾地爱上了航海，并重新恢复了对生活的希望。不久，沉浸在航
海兴趣中的利斯特萌生了一个念头——独自驾驶帆船横渡英吉利
海峡。然而，这个念头却吓了众人一跳，利斯特的丈夫很担心地
对她说："你难道疯了吗!"但利斯特已经义无反顾了，她决心完
成她的"疯狂之旅"。

　　利斯特热情高涨，可困难像是冰冷的海水一般横亘在现实
中，并不因为热情而有丝毫缩减。对于利斯特而言，她的手与脚
无法运动，能够活动的只有头部、眼睛和嘴，她只能利用这些去
航海。所以，别出心裁的利斯特让人特制了两根导管，她准备通
过这两根特制的导管，仅靠吸气和呼气来控制帆船。然而可想而
知，这有多么艰难。利斯特一次次艰难地训练，一次次付出常人
无法想象的努力，不断地跌倒再爬起，她始终没有放弃。

　　终于到了起航的日子。在特别设计的"吸吹式"重型帆船
上，利斯特连同她的轮椅一起被牢牢固定在驾驶位置上，船上有
两根与控制台相连的塑料吸管。其中一个用来拉制船舵，吸气时
帆船右转，呼气时帆船左转；另一根吸管则用来控制调整帆船两
张帆的绞盘，使风机伸缩自如。

　　这是一个激动人心的时刻，33 岁的利斯特从英国东南部港口
城市多佛出发，开始了横渡英吉利海峡的航程。经过长达 6 小时
13 分的独自航行，终于利斯特顺利抵达了法国的加来港。

　　抵达加来港时，码头上响起了《我们是冠军》的激昂乐曲和

胜利号角。欢呼的人群将利斯特团团簇拥了起来，如同在欢迎一位凯旋的英雄。

　　利斯特成功了。她不仅用顽强坚忍的意志超越了自己生理上的缺限，更是用一次心灵上的胜利长征，给自己的人生探索出了一条坚实的通道。

身无半亩，心忧天下

人生百态，绝非一样。有的人生来就衔金含玉，锦衣玉食；而有的人却生来贫苦寥落，三餐难继。命运的不公，往往在我们降生的时候，便附加到了我们的头上，对此我们无能为力。然而，我们却并不能因此而放弃我们的人生，纵然是身处困厄，命途多舛，还是要持有一颗满怀大志的雄心。

这充满激情的雄心是心中的火焰，让它持续不断地燃烧，成为生活的燃料，然后驱使你向前一点儿，再向前一点儿地去接近梦想。这样的话，天长日久，你的人生终会有所收获。

左宗棠是晚清时候一位著名的大臣，作为湘军统帅之一，洋务派首领，他与曾国藩、李鸿章、胡林翼并称为清末的"中兴四大名臣"。他1832年（道光十二年）中举。1851年（咸丰元年）太平天国起义后，先后入湖南巡抚张亮基、骆秉章幕，为抗压太平军所筹划。1856年，因接济曾国藩部军饷以夺取被太平军所占武昌之功，命以兵部郎中用。1860年，太平军攻破江南大营后，随同钦差大臣、两江总督曾国藩襄办军务。曾在湖南招募5000人，组成楚军，赴江西、安徽与太平军作战。1861年太平军攻克杭州后，由曾国藩疏荐任浙江巡抚，督办军务。1862年（同治元年），组成中法混合军，称常捷军，并扩充中英混合军，先后攻陷金华、绍兴等地，升闽浙总督。1864年3月攻陷杭州，控制浙江全境。论功，封一等恪靖伯。旋奉命率军入江西、福建追击太平军李世贤、汪海洋部，至1866年2月攻灭于广东嘉应州（今梅县）。镇压太平天国后，倡议减兵并饷，加给练兵。1865年升任闽浙总督。1866年上疏奏请设局监造轮船，获准试行，即于福州马尾择址办船厂，派员出国购买机器、船槽，并创办求是堂艺局（又称船政学堂），培养造船技术和海军人才。旋改任陕甘总督，推荐原江西巡抚沈葆桢任总理船政大臣。一年后，福州船政局（又称马尾船政局）正式开工，成为中国第一个新式造船厂。1867 年，奉命为钦差大臣，督办陕甘军务，率军入陕西攻剿西捻军和西北反清回民军，镇压了陕甘回民起义。1876 年，他率军入新疆，击退了由外国势力支持的分裂武装，收复了新疆，维护了国家与民族的统一，为晚清以及后世做出了巨大的贡献！

然而，你恐怕想不到，就是这样一位功名赫赫的民族英雄，在年轻的时候却十分潦倒落魄，几度科举，却屡试不第。万般无奈之下，少年左宗棠只得转而留意农事，日出而耕，日落而读，过起了半耕半读的隐居生活。

隐居的生活是清苦的，生活上的琐碎与拮据总是让人烦忧。然而，面对这些，左宗棠却毫不在意，在 23 岁新婚之时，他写下了一副对联，挂在堂前，勉励自己，即：

"身无半亩，心忧天下；手释万卷，神交古人。"

寥寥几句，气概尽出。纵然是命运对自己来说总像是黑色的玩笑，泥泞的潭沼。但身处其中，也不丧忘自己的志气与理想，甚至于，面对惨淡的现实，理想的浪花应当更加澎湃。因为唯有如此，生命才不会是一潭死水，了无生气。

莫做温水中的青蛙

十九世纪末，美国康奈尔大学曾进行过一次著名的"青蛙试验"。他们将一只青蛙放在煮沸的大锅里，青蛙触电般地立即窜了出去。后来，人们又把它放在一个装满凉水的大锅里，任其自由游动。然后用小火慢慢加热，青蛙虽然可以感觉到外界温度的变化，却因惰性而没有立即往外跳，直到到后来热度难忍而失去逃生能力而被煮熟。

著名的"青蛙效应"，你或许知道，但那只"青蛙"，你却不一定见过。其实，在生活中，有些人又何尝不是生活在温水中，漫漫变成了那只被煮的青蛙呢！

因为人天生具有惰性，所以"青蛙效应"在人类群体中也十分适用。表面上看，环境适应、岗位熟悉对开展工作是有益的。但只要进行深入思考，我们就会明白：如果目光总停留在昨天的适应上，看不到今天的"不适应"、明天的"新危机"，浑浑噩噩过日子，长此下去，就难以逃脱"温水青蛙"的命运，就会在浑然不觉中舒舒服服地被烫死。

可口可乐，作为世界软饮料行业的最卓越的公司。其中的一位 CEO 曾向公司的高层主管们提出过这么几个问题：

"世界上 44 亿人口每人每天消耗的液体饮料平均是多少？"

"64 盎司。"

"那么，每人每天消费的可口可乐又是多少呢？"

"不足 2 盎司。"

"那么，在人们的肚子里，我们市场份额是多少？"

这一系列问题正是说明一个公司和个人都应该时刻充满危机

感和不满足感。今天的成功并不意味着明天的成功。你只有不断
地保持自己的饥饿意识，设定远大的目标，才不会在生活中各方
各面的竞争中被打败；你只有时刻保持面临着危机的心态，你才
能在真正危机到来时，临危不乱。

所以，人生旅途中，逆境催人警醒，激人奋进，而安逸优越
的环境却消磨人的意志，使人耽于安乐，尽享舒适，常常一事无
成。有的人甚至在安逸之时沉溺酒色，自我毁灭。这于青蛙临难
时的奋起一跃和温水中的卧以待毙是何其相似。

"生于忧患"是千古不变的名言，春秋时越王勾践卧薪尝胆
的故事是它最好的注脚。那时，勾践屈服求和，卑身事吴，卧薪
尝胆，又经"十年生聚，十年数训"，终于转弱为强，起兵灭掉
吴国，成为一代霸主，勾践何能得以复国？这是亡国之辱的忧患
使他发愤、催他奋起的结果。这说明，当困难重重、欲退无路
时，人们常常能显出非凡的毅力，发挥出意想不到的潜能，拼死
杀出重围，开拓出一条生路。

但是，有了生路，有了安逸，人们却往往不能很好地把握，
而"死于安乐"。这方面的例子莫过于闯王了。1644年春，闯王
攻入北京，以为天下以定，大功告成。新官僚把起义时打天下的
叱咤风云的气魄丧失殆尽，只图在北京城中享受安乐，"日日过
年"，李自成想早日称帝、牛金星想当太平宰相，诸将想营造府
第。当清兵入关，明朝武装卷土重来时，起义军却一败不可收
拾。险情环生时人们能睁大眼睛去拼搏，因此化险为夷；安逸享
乐中却意志消退，锐气全无，结果一败涂地。

微软公司的创始人比尔·盖茨经常向外界讲，微软离破产只
有180天。正是这种安不忘危的意识，使他们从不敢放松前进的
脚步，终于把微软做成了全世界最成功的企业之一。同样，鲨鱼
是海洋中的霸王，但它除了尖利的牙齿以外，并没有鱼鳔、鱼鳞

等有利的器官。但鲨鱼"意识"到生存危机的存在，一天到晚总是在游动，所以鲨鱼的体质更强健，可以捕捉到更多的食物。如果鲨鱼停止了游动，那么它肯定成为其他对手的盘中餐。

"先天下之忧而忧，后天下之乐而乐"是范仲淹在《岳阳楼记》中提出的忧乐精神。一个国家如果没有忧患意识，这个国家迟早要出问题；一个企业如果没有忧患意识，这个企业迟早要垮掉；一个人如果没有忧患意识，必遭到不可预测的灾难。

翻开中国的历史长卷，各朝各代的亡国之君，大多与居安忘危、堕落丧志、贪淫奢靡有关。秦王嬴政，叱咤风云，统一中国，自号"始皇帝"，幻想帝业永传，但不出两代，他的儿子胡亥就沉湎安乐，失信于民，使"千古一帝"留下的政权毁于一旦。

隋王朝也只维持了两朝，便因朝政腐败、奢华无度而迅速垮台。而唐太宗李世民所以能开创"贞观之治"的业绩，与他"安不忘危，治不忘乱。虽知今日无事，也须思其始终"的忧患意识不无关系。他常常提醒自己："不敢恃天下之安，每思危亡以自戒惧。"

从某种意义上来说，今日的担忧，往往是为了以后的安宁。如果活在这世上，过一天算一天，做一天和尚撞一天钟，那么，很快就会连撞钟的权利也丧失掉。

从来都不晚的人生

他从小就有一个作家梦，然而，高考的时候，父亲却自作主张给他报上了理工科大学。无法忤逆父亲的意思，他只好读了这个大学。毕业之后，他找到了一份收入稳定的工作，然而，这离他的梦想也越来越远。

三十多岁的时候，一次同学聚会，他的初中好友送给他了好几本书。原来，这位好友早已成为了作家，这几本书都是他写的。看着以前上学时文笔不如自己的好友都出书了，他也心动了，也想开始写小说。可他又想，自己的水平不高，就算了吧。

这样，一晃又到了四十多岁，他的女儿也要高考了了。在准备填志愿的时候，他和女儿聊起自己过去的梦想，非常惋惜。女儿听了，对他说："爸爸，那你现在开始写作吧。"他听了之后摇了摇头，说自己水平不行。

时光如水，转眼又过了许多年，他已经六十多岁了。这一天，女儿前来探望，拿出了一本自己写的书送给他，说道："爸爸，我现在也是作家了。"

他忽然非常感慨，抱住女儿叹道："你终于完成了我没有完成的志向啊！"

"谁说您没有完成呢？"女儿继续说道，"其实，您的水平没有问题，现在开始写作也可以啊。"

"太晚啦……"他叹气道。

"不！从来都不晚。"女儿鼓励他说。

经不住女儿的鼓励，他终于又动了心，心想：那我就写写试试吧。于是，他终于开始了写作。

写作的过程漫长而枯燥，但是在女儿的督促下，他始终在坚持。然而，好几年过去，他始终没有写出一部完整的小说。他不服气，准备一直写下去，可是自己的生命之路却逐渐走到了尽头。

临终的时候，他将现有的半部手稿托付给了女儿，说道："太晚了，你看，就是太晚了，要是早点……"

"不！"女儿坚定地说，"没有晚，从来都不晚！"

听了女儿的话，他没有再说什么，只是安详地合上了眼。他死之后，女儿将他的半部手稿给了出版社。没想到，出版社的编辑一见，如获至宝，赶紧将稿子付梓出版了。更没想到的是，书出之后，居然一下子流行了起来，而且还获得了一个著名的文学奖。

是的！从来都不晚！我们常常感叹自己虚度的年华，后悔少时的不努力。可如果我们就从现在开始行动呢？从来都不晚，要相信人生的每一点都可以是起点。

在我们熟知的《三字经》里，有一句"若梁灏，八十二"。它说的就是在有一个叫梁灏的人，在八十二岁中了状元。虽然后来被考证说这是讹传，但今天的现实中确实不乏"梁灏"们。

98 岁的英国人伯纳德·赫兹伯格就是这样的一个人。赫兹伯格在 81 岁时取得了第一个学位，然后他进入伦敦东方与非洲研究学院读经济与文学硕士并取得了学位。

赫兹伯格说："这还不算结束，以后，只要他活着，以肯定还是会坚持学习的。"

一个耄耋之年的老人居然还有如此的信心与决心，的确是让我们敬佩与惭愧。与赫兹伯格相比，年富力强的我们没有任何理由"徒恨晚矣"。

其实，人生从来不嫌晚，只要从现在开始下定决心，开始行动，一定会有所收获的。

第二章　临渊羡鱼，不如退而结网

"临渊羡鱼，不如退而结网"这句话出自《汉书·董仲舒传》。它的字面意思是：与其站在河塘边，急切地期盼着鱼儿到手，还不如回去下功夫结好渔网，前来捕鱼。

当然，这是一种比喻，其实它要告诫我们的是：不论做人还是做事，都要切忌空想，而是要采取行动。俗话说得好：一次行动胜过一筐思想。

心动不如行动

立下鸿鹄之志，当为志向而努力。成功源于马上行动，一千次心动不如一次实际行动。

从前，有两个国家发生了战争。一个国王谋划在敌方国王的水里下毒想要毒死对方，这事被对方派来的密探知道了。这位密探立即写信给自己国家的国王说："国王您要警惕，水里有毒药，今天您千万不要喝水。"很快，国王就收到了这封信。可是这位国王有个坏习惯，总是把今天的工作推到第二天去办，他对大臣说："先把信收好，明天再拆开读给我听。"可他没有等到明天，就被水毒死了。拖延让这位国王没能见到第二天的太阳。故事虽然简单，但它说明了一个道理：拖延往往会带来悲惨的结果。就在稍加迟疑、等待的几分钟之间，成功与失败往往转手易人，其结果大相径庭。

对一个胸怀大志者而言，拖延怠惰也许是最具有破坏性的，也是最危险的恶习。它会使人丧失进取心。原本打算今日起锻炼身体，可早上躺在温暖的被窝里不肯起来。有一位幽默大师说过："每天最大的困难就是离开被窝，走到冰冷的街道。"他说得不错，当你躺在床上，认为起床是一件不愉快的事，那它就真的变成一件困难的事情了。

比尔·盖茨曾经说过，应该做的事拖延而不立即去做、总想把工作留到明天再做的员工往往会失去最佳的结果。每一个员工都应该今日事今日毕，否则可能无法成功取得自己想要的成绩。所以我们一定要有"必须把握今日，一点也不可拖延"的想法，并且要严格执行。

20世纪70年代，美国有一个叫法兰克的年轻人，由于家境贫困，他去了芝加哥寻求出路。在繁华的芝加哥转了几圈后，法兰克没有找到一个能够容身的处所，于是便买了把鞋刷给别人擦皮鞋。

半年后，他用微薄的积蓄租了一间小店，边卖雪糕边擦鞋。谁知道雪糕的生意越做越好，后来他干脆不擦皮鞋了，专门卖雪糕。

如今，法兰克的"天使冰王"雪糕已拥有全美70%以上的市场，在全球有60多个国家超过4000多家的专卖店。

巧的是，有一个叫斯特福的年轻人，与法兰克几乎同时到达芝加哥。斯特福的父亲是一位富有的农场主，斯特福上了大学，还读了研究生。就在法兰克给别人擦皮鞋的时候，斯特福住在芝加哥最豪华的酒店里进行市场调查，耗资数十万。经过一年的周密调查，斯特福得出的结论是：卖雪糕一定很有市场。当斯特福把结果告诉父亲时，遭到了强烈反对而没有付诸行动。后来，又经过一番精确调查后，自己还是觉得卖雪糕的生意好做。一年后，他终于说服了父亲，准备打造雪糕店。而此时，法兰克的雪糕店已经遍布全美，最终无功而返。

在现实生活中，我们往往是心动的时候多，行动的时候少，把希望放在今天，而总把行动留在了明天。梦想着成功，却没有付诸行动。而真正的成功者，则是把行动放在现在，把希望放在未来。

有这样一则小故事：

有一个落魄的年轻人，每隔两天就要到教堂祈祷，他的祷告词每次几乎相同。

第一次到教堂时，他跪在圣殿内，虔诚低语："上帝啊，请念在我多年敬畏您的份上，让我中一次彩票吧！阿门。"

几天后，他垂头丧气地来到教堂，同样跪下祈祷："上帝啊，为何不让我中彩票？我愿意更谦卑地服从您。"

他就这样，每隔几天就到教堂来做着同样的祈祷，如此周而复始。

到了最后一次，他跪着："我的上帝，为何您不听我的祷告呢？让我中彩吧，哪怕就一次，我愿意终身信奉您。"

这时，圣坛上空发出一阵庄严的声音："我一直在听你的祷告，可是——最起码，你也该先去买一张彩票吧！"

行动孕育着成功，行动起来，也许不会成功，但不行动，永远不能成功。不管目标是高是低，梦想是大是小，从现在开始，积极行动起来，只有紧紧抓住行动这根弦，才能弹出了美妙的音符。

在我们的周围，也常常可以听到这样的声音，"如果我初一的时候就认真读书，现在早就是前几名了。可现在已经是初三，只有一学期就要考试，再努力也是白搭。算了……"一个美好的志向就这样消失了，实在令人惋惜。其实，他应该做的就是马上行动。虽然行动不一定能带来令人满意的结果，但如果不采取行动，那就绝对没有满意的结果。

所谓"亡羊补牢，犹未晚矣"。当你意识到自己的不足，想要弥补一番，或者你有一个绝妙的创意，那么永远也不要说太晚，关键是马上行动，切实执行自己的想法，以便发挥它的价值。

有个人已经40岁了，一天对朋友说："我想去学医，可是学完我就已经44岁了。"

朋友说："可要是你不去学，4年后你还是44岁啊。"

是啊，即使你不行动，时间还是无情地流逝，片刻不会停留。那么，何不在这段时间里努力进取，做出成绩来呢？因为不管想法有多好，除非身体力行，否则永远也不会有收获。

一心向往成功的人，别再犹豫了，马上行动吧。

没有别的什么习惯比拖延更为有害了；更没有别的什么习惯，比拖延更能使人懈怠、减弱人们做事的能力了。要医治拖延的恶习，唯一的方法就是立即去做自己该做的事。

何不向前迈一步

美国联合保险公司的创始人克里蒙·斯通在谈到自己的创业经历时曾说过一句这样的话："想成为富翁的人必须相信：自己的命运要由自己来决断，有了决断就必须马上付诸行动，只要你决定做什么事，就一定要有无论怎样都必须去完成的精神。"

话中的道理很简单，却不是每一个人都能做到。在我们的人生之中，往往会出现这样的情况：要么遇到事情犹豫不决，顾盼之时丢失机会；要么是行走了九十九步，就在成功的最后一步上，折返而回，等到看别人沿着自己的路，成功之后，才大呼后悔，恨自己没有向前多迈一步。

然而，已经晚了。这时候，与其还沉浸在失去的痛苦中，还不如再向前迈一步，分析分析自己退缩的原因。所以，还是让我们先看一个古希腊的故事吧。

这是一个著名的诡辩，说的是古希腊神话中最善跑的英雄阿基里斯永远也追不上一只乌龟。诡辩家是这样论述的：让乌龟先跑一段距离，然后阿基里斯开始追乌龟，如果前者想追上后者，必须先到达后者的出发点，等到前者到达后者的出发点时，后者又向前跑了一段距离，为了追上后者，前者还必须跑完这段距离，可是在前者跑完这段距离的时间内，后者又向前移动了一段距离，于是前者还必须跑完这段距离，按照这样的推理，前者与后者的距离被分成无数的小段。虽然他们之间的距离会越来越近，但是前者永远无法追上后者。

乍一看这个论述似乎是无懈可击的，可是我们都知道最善跑步的英雄阿基里斯肯定跑得过乌龟，那么这则诡辩中的谬误在哪里呢？其实很容易，也许你也知道了，那就是请让阿基里斯再向前迈一步。

　　没错，在这则诡辩中，诡辩家故意忽略了一个重要的事实：在同样的时间里阿基里斯跑的距离要比乌龟跑的远。试想在阿基里斯非常非常接近乌龟时，只要再向前迈一步，在这一步的时间里阿基里斯一定会比乌龟多跑一小段距离，只要这段距离大于乌龟领先于他的那一点点距离，阿基里斯就追上并超过了乌龟，而此后的每一步阿基里斯都会超越乌龟更远的距离。

　　也许你会问，这不是一个简单的事实吗？换了谁都知道迈一步就会赶上乌龟的啊，问什么要讲这个故事呢？

　　理由很简单：我们其实就是那个永远跑不过乌龟的阿基里斯。为什么呢？因为，我们总不免习惯性地陷入像这则诡辩一般的现实幻象中，任由自己沉沦，却不知道向前迈出一步，踏出这迷离的幻境。就如同是一位已经病入膏肓的顽固迂腐的老药师，在人生的山崖上苦寻一株救命的药草，纵然遍寻不见，也不愿意走下山崖一步，去广阔的天地寻找探索。

　　其实，那一株药草很可能就在山崖之下，那么，何不迈出一步呢？

每天进步一点点

　　成功是能量聚积到临界程度后自然爆发的成果，绝非一朝一夕之功。一个人眼界的拓展，学识的提高，能力的长进，良好习惯的形成，工作成绩的取得，都是一个持续努力、逐步积累的过程，是"每天进步一点点"的总和。每一个重大的成就，都是由一系列小成绩累计而成。如果我们留心那些貌似一鸣惊人者的人生，就会发现他们"惊人"并非一时的神来之笔，而是缘于事先长时间的、一点一滴的努力与进步。

　　洛杉矶湖人队的教练派特·雷利在球队最低潮时，告诉12名球队的队员说："今年我们只要每人比去年进步1%就好，看有没有问题？"球员一听："才1%，太容易了！"于是，在罚球、抢篮板、助攻、抄截、防守一共五方面都各进步了1%，结果那一年湖人队居然取得了冠军，而且是最容易的一年。

　　由此可见，每天进步一点点，积少成多，最后会发现，原来遥不可及的梦想居然如此唾手可得。这对于团队如此，对于我们每一个人来说，也是如此。

　　他是一个让很多老师都头疼的孩子。从小学到初中，他的成绩在班里都是倒数。初中毕业后，他连一所高中也没考上。家人于是很无奈地把他送到了当地一所私立学校，家人找到校长，希望校长能够帮孩子一把。

　　校长通过各种渠道了解了这个孩子酷爱长跑。于是第二天早上，校长就出现在那条跑道上。他见到了这个孩子，还叫出了他的名字。孩子很是惊讶，从小到大，除了接受别人冷漠的目光，他还从来没有被哪个人关注过。他的心里起了一种很微妙的感动。

一个又一个星期过去了。一次跑步的时候，校长装作很不经意地说："孩子，我想给你提个小小的建议，如果一个月后你做到了，我就满足你一个愿望！那就是：从今天开始，你能不能坚持坐在教室里？当然，只要不影响别人上课，你在教室里干什么都成。"

孩子想了想，答应了下来。接下来的一星期里，孩子真的都坐在了教室里。不过，他基本上也没怎么听课。

第二个星期，校长说："从今天开始，你是不是开始写点儿东西了？你想写什么就写什么。"

孩子想：就找一些自己喜欢的东西抄抄吧！

第三个星期，校长说："从今天开始，你可以找自己喜欢的学科听一听，顺便记一下笔记，好吗？"孩子又答应了下来，并照着做了。

到第四个星期的时候，校长说："从今天开始，你试着去听听你不喜欢的课吧，其实有些东西也很有意思的。"孩子再一次应允了。

于是，就在不知不觉中，孩子逐渐改变了，他喜爱上了上课，也喜爱上了学习，他的成绩也由于他的认真听课大幅度地提高了。

这时候，到了满足孩子愿望的时候。校长向孩子揭开了谜底，孩子终于了解到了校长的良苦用心，他非常感动，希望与校长照一张相。校长说："这好办！不过我希望与你的第二张合影是你考上大学的时候！"孩子又答应了。

三年过去了，出乎很多人意料的是：这个孩子竟然以优异的成绩考上了某重点大学体育系！以往瞧不上孩子的人大为惊讶，当他们向孩子问起成功的秘诀时，孩子答道："给自己一个大目标，向着那个目标，每天进步一点点！"

不用一次大幅度地进步，一点点就够了。不要小看这一点点，每天小小的改变积累下来会有大大的不同。而很多人在一生当中，连这一点进步都不一定做得到。人生的差别就在这一点点之间，如果你每天比别人差一点点，几年下来，就会差一大截。

每天进步一点点，听起来好像没有冲天的气魄，没有诱人的硕果，没有轰动的声势，可细细地琢磨一下：每天，进步，一点点，那简直又是在默默地创造一个料想不到的奇迹，在不动声色中酝酿一个真实感人的神话。朱学勤先生说过一句话：宁可十年不将军，不可一日不拱卒。要想水滴石穿的威力，就必须连绵不断的毅力。一个人的努力，在看不见想不到的时候，在看不见想不到的地方，会生根发叶，开花结果。

要知道，许多时候，我们人生的差别，往往就在那每天的一点点上。

你们钓鱼我网鱼

我们说，只要我们认定了什么事情，就一定要下定决心，放手去做。这没有错，但是有一点需要注意，那就是行动的时候还要注意方法。没有一个好的方法，光有一身蛮劲，往往是成不了事的。

在民间故事中有一则《关羽智服周仓》的故事，说的就是这么一回事：

有一次，关羽碰上了黑大汉周仓，两人拼起来，直杀得难分难解。关羽渐感到力不能敌了，心想：我假如败在这无名小卒手里，那还有什么面目见世上的人呢？不如跟他斗斗心计。于是，关羽架住周仓的刀说："你在地上战，我在马上杀，这样杀来杀去也杀不出个输赢，不如打个赌，谁输了谁给赢者扛刀。"周仓看杀了半天也没杀出输赢，就同意了。

关羽看见路边田里有稻草，就对周仓说："看谁把稻草甩得远，甩得远就赢。"周仓说："行，你先甩吧！"关羽顺手提了一捆稻草甩了出去。周仓一看，关羽并没有甩多远。心想：只怕是一捆草太重了，甩不远，我何不甩一根稻草呢。于是周仓拿起一根稻草就甩。费了老大的劲，稻草还是落到了面前。关羽一见忙说："你输了，该你扛刀。"周仓说："这是你说的，不算，咱再来一盘。"关羽说周仓说话不算数，不像男子汉，又激周仓，要周仓扛刀，还装出副要走的样子。周仓急了，拦住关羽说："这盘为定，这盘为定，我输了，再不往下说了，大丈夫一言既出，驷马难追。"关羽看周仓急了，才慢慢吞吞地说："好吧，再斗一盘。你再输了，就不要再耍赖了。"周仓说："中！"关羽说："那你就先说吧。"周仓见路上有几个小蚂蚁在爬，就对关羽说："我们用手打蚂蚁，一人打三下，谁打死的多谁赢。"关羽同意了，说："你先打吧。"周仓就用巴掌拍，谁知拍了三下，一个也没拍死。原来蚂蚁从他的指缝里漏走了。这时关羽伸出一个指头，看得真切，只轻轻一按，就把蚂蚁按死了。周仓一看，自己又输了，二话没说，就给关羽扛起了刀。

自此，周仓一直跟着关羽扛刀牵马，南征北战。

故事中，关羽的胜利在我们看来多少有些讨巧的地方，但不可否认的是，他的成功之处恰恰也在于此。那就是同样做一件事，他能够另辟蹊径，不按常理出招，从别人想不到的地方出奇制胜。

林肯曾经说过："我从来不为自己确定永远适用的原则。我只是在每一具体时刻争取做最合乎情况的事情。"著名的科学家、发明家贝尔也曾经告诫过我们说："不要常常走人人去走的大路，又是另辟蹊径前往云林深处，那里会令你发现你从来没有见过的东西和景物。"

确实这样。比如我们看看在河边，人人都在钓鱼，那么我们就不要去钓鱼了，毕竟钓鱼的人太多了，自己再怎么钓都不会有好的收获的。当然，也不能就此放弃，而是要转变一下思路，比如，去找一张捞鱼的网子，撒入河水中，然后——呵呵，就偷着乐吧。

一条大马林鱼

　　《老人与海》是美国作家海明威的代表作。这本小说用充满象征性的笔触，像我们讲述了这样一个故事：一个名叫圣地亚哥的古巴老渔夫，独自一个人出海打鱼，在 84 天的一无所获之后，他驶入远海，钓到了一条无比巨大的马林鱼。这是老人从来没见过，也没听说过的，甚至比他的船还长两英尺的一条大鱼。这条大马林鱼的劲儿非常大，它拖着小船漂流了整整两天两夜。圣地亚哥老人在这两天两夜中经历了从未经受的艰难考验后，终于把大鱼刺死，拴在船头，开始返航。然而就在这时，鲨鱼却出现了。圣地亚哥与鲨鱼进行了殊死搏斗，结果虽然胜利地赶跑了鲨鱼，可大马林鱼却也被鲨鱼吃光了。故事的最后，老人拖着一副光秃秃的大马林鱼骨架和一身的伤回到了村子，没想到却得到了人们的交口称赞。

　　在小说之中，大马林鱼是一个含义丰富的象征。在圣地亚哥老人与之搏斗的时候，它是老人的敌人，是老人要征服的对象。在这一角度，可以说，它印证了老人的意志与勇气。而在鲨鱼到来的时候，它则与老人一体了，这时候，大马林鱼变成了老人顽强生命的明证。那就是圣地亚哥的那句名言："一个人可以被毁灭，但不能被打败。"

　　其实，在每一个生命中都有这样的一条大马林鱼。任何一条卑微的生命，纵使渺小，也都有着坚韧的伟力，而所有顽强的生命都是值得赞颂的。面对灿烂的生命，都应该不抛弃，不放弃，在苦难的面前不轻易低下头颅。我们要高扬起人生的风帆，迎着汪洋中的狂风暴雨，驶向太阳和彩虹，驶向生命中的那一条大鱼。

不声不响地一鸣惊人

春秋时期，楚国的储君楚庄王登基当政三年以来，没有发布一项政令，在处理朝政方面没有任何作为，只顾得自己饮酒作乐，朝廷百官都为楚国的前途担忧。然而楚庄王不允许任何人劝谏，他通令全国："有敢于劝谏的人，就处以死罪！"

有个叫伍举的大臣，看到天下大国争霸的形势对楚国很不利，他就想劝谏楚庄王放弃荒诞的生活，励精图治，使楚国成为继齐桓公、晋文公之后的诸侯霸主。然而，他又不敢触犯楚庄王的禁令，去直接劝谏；他绞尽脑汁也没有想出使楚庄王清醒过来的办法。

有一天，伍举看见楚庄王和妃子们做猜谜游戏，楚庄王玩得十分高兴。他灵机一动，决定用猜谜语的办法，在游戏欢乐中暗示楚庄王。

第二天上朝，伍举给楚庄王出了个谜语，说："大王，臣在南方时，见到过一种鸟，它落在南方的土岗上，三年不展翅、不飞翔，也不鸣叫，沉默无声，这只鸟叫什么名呢？"

楚庄王是个聪明人，他一下子就看出了伍举这是在借鸟喻人，便说："三年不展翅，是在生长羽翼；不飞翔、不鸣叫，是在观察民众的态度。这只鸟虽然不飞，一飞必然冲天；虽然不鸣，一鸣必然惊人。你回去吧，我知道你的意思了。"

楚庄王觉得大臣们要求富国强兵的心情十分迫切，自己整顿朝纲，重振君威的时机已经到来，半个月以后，楚庄王上朝，亲自处理政务，他对内励精图治，对外开疆扩土。一时之间，楚国大盛，"一鸣惊人"的楚庄王也由此成了"春秋五霸"

之一。

鲁迅曾说："不在沉默中爆发，就在沉默中灭亡。"要想把握住人生的兴亡成败，就要少说话多干事，在不声不响的沉默中，积蓄爆发的力量，寻找那一飞冲天的时机。

"君子讷于言而敏于行"，实际上，成功的人并不是不会说话，而是他们深知"成功"是一座沉默的山峰，站在山脚下，多说无益，有用的是攀爬。因为，只有到了山顶，才能把天地"喊醒"。

第三章　穷则变，变则通，通则久

"穷则变，变则通，通则久"，这句话的出处是《周易·系辞下》。它的意思是，遇到问题了就要试图改变，改变了问题就可以解决，解决了就可以长久的保持下去。我们通常所说的"穷则思变""穷极思变"等成语也是从这句话引申而来的。

布衣亦可成王侯，贫贱岂能任沦落？现在的你，无论现在身栖何处，都不要气馁，拿出你的勇气、智慧与意志力，一定能将命运踩在脚下。

你绝不是一无所有

当失败来临的时候，当你遭受打击的时候，你是要沉浸在颓唐与悲伤之中，慢慢堕落，还是要坚强起来，在痛定思痛之后，努力拾掇其剩余的"破烂"，把它们拼接在一起，将悲剧变成喜剧？成功的人，往往选择后者。

林肯的一生充满坎坷，有人统计过，他的一生只成功了3次，反倒是失败了35次，不过第3次成功却让他成了总统。面对失败，林肯总是非常坦然，他总是会承认自己这一次摔了一跤，却始终不认为这一次就输掉一生。在他参选参议员落败的时候，他曾说道："此路艰辛而泥泞，我一只脚滑了一下，另一只脚因而站不稳。但我缓口气，告诉自己，这不过是滑一跤，并不时死去而爬不起来。"

落魄、失意、跌倒、流血都是人生常有的事。就算是"屡战屡败"，又有什么大不了呢？成功者也不会因为失败的次数多了，就望而却步，他们会"屡败屡战"，会在成功到来之前笑对失败，甚至会在赔光血本的时候自信地说道："I am fine。"

其实痛定思痛，你绝不一无所有，就算是惨败到无以复加，想一想电影《伊丽莎白镇》开篇的那句话吧，"失败和惨败是不同的，失败只是没有成功而已，随便哪个傻瓜都有可能失败，但是惨败呢，就像一个神话中才会出现的灾难，是向他人讲述的传说，借此让他们感到更加生机勃勃，因为厄运并未降临到他们头上。"呵呵，看看调侃得多有意思。

其实，走出在成败之外，你拥有一整个世界。而这，不就是你再次起航的港湾吗？

少抱怨，多自省

在这个世界的每一个角落，充满了嘈杂的抱怨和愤怒。

为什么我的机会那么少？

为什么一分耕耘换不回一分收获？

为什么，为什么……

太多的为什么，却很少有人找到真正的答案。

其实，当你感到整个世界都在辜负你的时候，当你感到不快乐的时候，当你感到世界都错了的时候，你不妨先问一问自己是否是对的。如果整个世界都在辜负你，那么错的肯定是你，而不是这个世界。你要想改变这个局面，唯一的办法是改变自己。当你以一种正确的态度去对待这个世界时，世界也会以一种正确的态度对待你。

一只小狗老是埋怨有人踩它的尾巴，却从来没有反省过自己睡的位置不对：它总喜欢睡在过道上。平庸的人总是喜欢找了外界不是的种种理由，却不愿意审视自己的不是。他们看得见别人脸上的灰尘，却看不见自己鼻子上的污点。但强者们却总是在调整自己、提高自己，努力地将自己打造成一个与外界和谐的人。他们更加注重自我反省与调整，深知只要自己对了，世界就对了。"现代戏剧之父"易卜生曾经告诫他人：你的最大责任就是把你这块材料铸造成器。说的其实也就是这个道理。

每个人，不管是天赋异禀还是资质平平，不管是出身高贵还是出身贫贱，都应该学会自我反思、反省。"大多数人想改造这个世界，却极少有人想改造自己。"伟大睿智的列夫·托尔斯泰如是说。

　　曾国藩（1811 - 1872），中国近代一个响当当的人物，是"清代三杰"之一，洋务运动的先驱人物，曾创办湘军与太平天军苦战并最终取得胜利。曾国藩历任内阁学士、礼部右侍郎、兵部、吏部侍郎，后任两江总督等职，一生历尽坎坷，几度生死。

　　从青年时代起，曾国藩就按照京师唐鉴、倭仁帮他制定的"日课十二条"，每日自修、自省、自律。即使后来成为高官显贵之后，也从不停止这些艰苦的功课。他曾经在日记中写道："一切事都必须检查，一天不检查，日后补救就困难了，何况是修德做大事业这样的事！"他所写日记，直到临死之前一日才停止。曾国藩正是在逐日检点，事事检点的自律自省中，一步一步地走向事业的成功，走向人生的辉煌。

　　道光年间，在京城做官的曾国藩书生意气，加之年轻气盛，内藏傲骨，外露傲气，易冲动，"好与诸有大名大位者为仇"。咸丰初年，他在长沙办团练，也动辄指摘别人，尤其是与绿营的明争暗斗，与湖南官场的凿枘不合，以及在南昌与陈启迈、恽光宸的争强斗胜，这一切都是采取法家强权的方式。虽在表面上获胜，实则埋下了更大的隐患。又如参清德，参陈启迈，参鲍起豹，或越俎代庖，或感情用事，办理之时，固然干脆痛快，却没想到锋芒毕露、刚烈太甚，伤害了这些官僚的上下左右，无形之中给自己设置了许多障碍，埋下了许多意想不到的隐患。

　　咸丰七年二月，曾国藩的父亲曾麟书去世，曾国藩脱下战袍从江西战场回家守丧。这引来了朝廷上下一片指责声，有些人甚至还希望朝廷处分他。但出乎意料的是，朝廷不仅准假三月，还给了他一笔银子，令他假满即赴前线。曾国藩并不领情，上表要求在家守制，朝廷不准。三个月后，曾国藩再次上奏，在这篇奏折里，他倒尽了苦水，然后提出复出的困难，如他所保举湘军将士的官名都是虚的；自己位虽高却没有实权；军饷受掣于地方；

作战也得不到地方的支持等等。实际上就是希望朝廷理解他的苦处，授以督抚军权实职，一切问题便迎刃而解。谁知朝廷根本不予理会。皇帝干脆同意他在家终制。曾国藩原本是想借守制为筹码，获得更大的权力以利于自己施展拳脚，却没料到被朝廷顺水推舟。无可奈何的曾国藩在家一待就是一年多。眼看着自己亲手创建的湘军不能由自己指挥立功，不免"胸多抑郁，怨天尤人"。

在湘中荷叶塘守制的一年多时间里，曾国藩对自己的为人处世作了深刻反省。他开始认识到自己办事常不顺手的原因，并进一步悟出了一些在官场中的为人之道："长傲、多言二弊，历观前世卿大夫兴衰及近日官场所以致祸之由，未尝不视此二者为枢机。""历观名公巨卿，多以长傲、多言二端而败家丧生。天下古今之才人，皆以一傲字致败；天下古今之庸人，皆以一惰字致败。"他总结了这些经验和教训之后，便苦心钻研老庄道家之经典，潜心攻读《道德经》和《南华经》，经过默默地咀嚼，细细地品味，终于悟出了老庄和孔孟并非截然对立的，两者结合既能做出掀天揭地的大事业，又可泰然处之，保持宁静谦退之心境。

一年多后，浙江局面转变，御史李鹤年、湖南巡抚骆秉章等人上奏朝廷，要求朝廷速命曾国藩复出以解浙江之急时，在郁闷与反省中度日如年的曾国藩不再讨价还价，立即披挂出征了。再次出山的曾国藩，身上多了些从容与迁就，少了些冲动与固执。这些改变对他日后的功名成就无疑是影响巨大的。而这一些，均拜他的自省所赐。在这一年当中，是曾国藩一生思想，为人处世的重大调整和转折的时刻。在这段时光是他反反复复痛苦地回忆，检讨增加的过去。也正是由于他这段痛苦的自我反省才有了曾国藩晚年的成熟老练。等到再次出山的时候，才渐渐地满住自己的锋芒，而日益变得圆融通达。

"自省"是儒家思想非常重要的组成部分。儒家认为，自省是人达到"圣人"和"君子"道德、学识境界的一种手段。这种手段是一种涵养手段，具有自身的一些特性。儒家认为，自省是"修身之本"，是"中兴之本"。儒家讲求"内圣外王"，其思想内涵之一，是指自身的修养（"内圣"）是"外王"的前提，只有具备了良好的自身修养，才能完成治理国家的任务。在"格物""致知""诚意""正心""修身""齐家""治国""平天下"这"八条目"当中，修身被看作是头等大事。而修身之本则是"自反"，即自省。比如："自反者，修身之本也。本得，则用无不利。""以反求诸己为要法，以言人不善为至戒。

从曾国藩的家书中，我们可以清楚地体会到他是深刻地反思与检讨自己的作风。而一个时刻自省的人，言行逐渐平和稳重，性格也会更加完善完美，不会动辄乖张动气、情绪失控。因此，在夜深人静的时候，我们要思考，要反省，不能靠着本能和欲望去支配我们的生活。

树挪死，人挪活

我们都知道，一棵树移栽后，如水土不服，可能夭折。那么一个人，如果改变一下环境，会不会也像树一样呢？让我们先来看一则典故：

韩信，年少的时候，父母双亡，家道贫寒，却刻苦读书，熟演兵法，怀安邦定国之抱负。秦朝末年，政治无道，民不聊生，各地都纷纷爆发了起义和反抗。一直落魄、苦于无用武之地的韩信看到了乱世中的机会，便佩剑从军，投奔了项梁、项羽等人所领导的西楚军队。然而，让韩信郁闷的是，由于出身寒微，他始终未受到项羽的重用，只充当了一名执戟卫士，而他多次向项羽献策，均不被采纳。长时间的郁郁不得志，让韩信心生怨愤，他不甘心自己的一身本领就这样被荒废掉。于是，他逃离了楚营，投奔了当时的汉王刘邦。在刘邦手下，一开始他也没有受到重用，但是因为结识了赏识自己的好朋友萧何。没过多长时间，他就被刘邦拜为了大将。从此之后，韩信开始了自己传奇的军旅生涯。而知人善任的刘邦也正是得力于韩信的帮助，才在楚汉的对决中，从弱势走向强势，最终战胜了不可一世的西楚霸王项羽。

典故中韩信的遭遇告诉我们，一个人在一个地方或一个岗位工作时间长了，不是难以得志，便是容易产生惰性，这时候，更换新的岗位或地方，其实往往不会更差，相反倒很可能会激发出一个人的激情和创造活力。这就是俗话说的"树挪死，人挪活"。

然而，难道人们不如意的时候，只要挪动一下就会好吗？

一位多年种植速生杨的老农谈起"树挪死，人挪活"，他说：他多年扦插、栽植速生杨，发现从苗圃中移栽出的树苗长势很旺，只要两三年的光景，生长态势就能超过苗圃中保留的树苗。并不一定就是"树挪死"。虽然习惯上我们都认为，原扦插树苗根系发达，周边树苗移栽后，其生长空间有了，生长速度应当胜过移栽树苗。其实不是这样，老农说："原扦插树苗尽管有了生长空间，但老根失去了生长活力，而移栽树苗在新的土壤条件下，激发了新根的生长活力，反而比原扦插树苗长得快。"

"实践出真知"，老农的话赋予了"树挪死，人挪活"新的含义。一棵树，并不是一挪就死，反而因移栽而获得"新生"。同样，一个人，是否能"活"，重点也并不在于形式上的"挪"与"不挪"，而在于是否能够"挪"走原先的消极与懒惰，重新焕发出生命的活力和创造的激情。只要心态改变，用满腔的"热忱"去做事，就肯定会"活"，反之，则不管怎样的"挪"，都不会"活"。所以说，"树挪死，人挪活"这句话虽然有一定道理，我们却不能完全迷信这句话，而是要能够去伪存真，吸取这句话的精华内涵。

那就是：与其让灵魂"死"去，不如奋起而一博。所谓"穷则思变""人往高处走，水往低处流"。总之，就是要用大无畏的精神鼓励自己打破自己已经熟悉了的习惯，敢于走出心中这个熟悉的樊笼，飞出去寻找灵魂新的栖息之地。也许，那也会是你的起飞之地。

改变是机遇的别名

"我想告诉你，人不可能坐等生命中的一切，必须主动去争取。"桑迪·威尔在接受记者采访时如是说。桑迪·威尔是美国花旗银行前董事会主席兼 CEO。在他任职期间，为公司的股票持有人创造了 2600% 的投资回报率，并在自己的职业生涯里实施了一系列令人瞩目的企业并购。2000 年，他还曾被美国《首席执行官》杂志评为"年度最佳 CEO"。

众所周知，经济界人才济济、竞争激烈、波澜起伏，桑迪·威尔能够在其中脱颖而出，其成功的一大重要砝码就是能够先机而动，勇于改变。

"改变就是机会。做别人不看好的事是比较聪明的方式，你会从中获得更多价值。"这是桑迪·威尔始终信奉的经商理念，也是他人生的成功法则。

桑迪·威尔并非天生想做企业家。上大学时，他曾想做工程师，毕业时曾经想做飞行员，但发现自己终究不是那块料，于是果断改行。1955 年，大学刚毕业便结婚的桑迪·威尔，为了养家糊口，误打误撞进入了一家证券经纪公司，在后勤办公室谋了一份月薪只有 150 美元的差事。

5 年后，逐渐熟悉金融服务业的桑迪·威尔与他的同伴，3个同样是二十多岁的毛头小伙一起，挤在华尔街 37 号一个局促的角落里，创办了自己的公司。

创业的日子是艰苦的，而桑迪·威尔的创业则格外艰苦。作为一个来自父母离异的家庭，没有任何背景，差一点大学没有毕业，双手空空的年轻人，他创业所用的 30 万美元资金都是借来的。然而，面对生存的压力和华尔街的波诡云谲与变化莫测，桑迪·威尔却始终自信。

"因为很早的时候，我就把变化看成机遇。"桑迪·威尔并不惧怕变化，因为他明白，改变是机遇的钥匙。于是，凭借着他的自信和对于变化的良好把握，他的这间小公司稳定地成长着。

然而，作为一个领导者，桑迪·威尔却没有就此满足，他始终在寻求着新的改变。20世纪60年代，当多数管理者陶醉于牛市之时，桑迪·威尔早就明白好景不长，为即将到来的股市风波做好了准备：他们放弃了流行的公司合伙制，取之以公共持股模式，让这家幼小的公司具有良好的资本来源和稳定的财务结构。20世纪70年代，竞争对手们纷纷倒下时，桑迪·威尔公司不仅生存了下来，而且茁壮成长，经历变革、扩张，在1970年的证券业危机中鲸吞美国证券业最大的公司之一海登斯通，让自己的公司规模扩大了30倍。之后，桑迪·威尔又领导一系列大胆收购，使公司成为当时美国最大的证券公司之一。

这就是桑迪·威尔的故事，一个不是神话的神话，一个不是奇迹的奇迹。如同许多的成功者一样，桑迪所做的，只有一件事：在变化的路口，向机会转了一个身。所以他成功了。而那些没有成功的人，则是一路狂奔而去，直到险隘，直到断崖，直到粉身碎骨。其实，在死亡的过程中，他们不是不知道自己的路已经越走越窄了，只是他们始终惧怕改变，拒绝改变。

对于这些人而言，他们可能到死都没有想过，穷则变，变则通，通则久，有改变才有机遇，而机遇只会降临在作好准备又勇于改变的人身上。

运动才是永恒的

　　诺贝尔奖获得者、印度著名作家泰戈尔曾说："在人生的道路上，所有的人并不站在同一个场所。有的在山前，有的在海边，有的在平原边上；但是没有一个人能够站着不动，所有的人都得朝前走。"美国哲学家弗兰克·梯利也说过："人生就是行动、斗争和发展，因而不可能有什么固定不变的人生目标，人生的欲望和追求绝不会停止不动。"18世纪的法国哲学家伏尔泰更是提出了这样的一个著名的论断，即："生命在于运动。"

　　伏尔泰认为，生命运动是高级的物质运动形式。蛋白体是生命运动的物质基础，生命运动是蛋白体的固有属性和存在方式。生命在于运动的内涵是：生命的产生在于运动，运动是生命诞生的前提条件，没有物质运动就不会有生命的产生；生命的存在在于运动，运动也是生命存的基础，要维持生命体存在，也离不开物质运动；生命的发展在于运动，运动又是生命发展的动力和源泉。

　　这也就是说，运动是我们人生永恒不变的事物，唯有不断的运动，才能保持我们人生的鲜活与蓬勃。当然，人生需要运动，这运动却不应该是盲动，而是应该向陀螺一样转动。

　　请大家回想一下，在玩陀螺的时候，我们的目的就是要保证圆锥体的锥尖朝下围绕中心转动而不倒下。要做到这一点，并尽量使之运行平稳，需要不断地给它加速度。可以说，陀螺的运行原理，同样是人类的生存运动的原理。

　　首先，人的身体如不运动，就会笨手笨脚，如果长期不运动，最终会造成身体不适及各种疾病。人的脑子不运动，就会笨头笨脑。一个人如不善于开动脑筋，不善于析疑解惑，对事物就不会有敏锐的感悟力，更谈不上对事物的洞察和对未来的运筹与谋划。生理学的实践告诉我们，体力和脑力是越用越灵，越运动越发展，相反，如果不运动，它就会今不如昔，就会逐渐衰退，最终连原来拥有的也会慢慢消逝。触类旁通，一个人要实现自己的目标，就必须勇于实践，就必须经得起生活的摔打，不断地让艰难困苦来磨炼自己，只有在探索和磨炼中才能产生生机和活力。

其次，一个人要在社会中求得生存和发展，就得像陀螺运行那样，自始至终围绕重心来运转。否则，便会造成运行不稳，速度不快，甚至倾斜歪倒。因此，在人生变迁的过程中，我们必须抛弃那些无足轻重的东西，以我们生命中最宝贵的东西为准线，围绕着它旋转运动，务求使自身成为一个平衡、和谐的整体。

另外，人生要卓有成效，也得像陀螺运行那样，不断地给以鞭策和加速。井无压力不出油，人无压力不成事，我们要有所成就，就得不断地鞭策自己，不断地给自己施加压力。马克思为了写成《资本论》，每天都忘我地工作。对此，恩格斯说："这位历史伟人为了争取八小时工作制，他自己甘愿每天工作十六小时还不止。"在现实生活中，那些卓有成效的杰出人物，他们的生命陀螺，无不是在每天高速转动着的。

当然，我们也不能只在原地踏步，故步自封。现今的世界，日新月异，要想与时俱进，就要在运动之中，学会以发展的眼光看问题，看到问题再不断改进、创新。

流水不腐，户枢不蠹。只要我们占领的运动这个永恒的制高点，那么成功就会源源不断地到来。

第四章　虽有智慧，不如乘势

"虽有智慧，不如乘势。"这一句话出自古代著名的儒学经典《孟子》。这句话意思是：与其有智慧，不如借助时势。这是古人对于立身处世的一种看法和建议，这种看法和建议，放在今天犹未过时。

下过象棋或围棋的读者都知道：赢棋最重要的是要营造一个好的棋势，而不单单是在某个局部的纠缠中占一二颗子的便宜。势是如此重要，以至于春秋末期的兵法家孙子，在惜墨如金的《孙子兵法》中专门写了《势篇》，用"激水之疾""转圆石于千仞之山"来阐述其对于"势"的理解。用现代的语言来归纳，孙子所谓的"势"，是指形势、态势、气势、一种不可抗拒的趋势。"故善战者，求之于势也"——孙子给后人留下的谆谆教诲。诚然，势在则乘势而上，势不可挡，事半功倍。势败则势如山倒，大势已去，事倍功半。

要成大事先谋大势

人生如棋，也如一场没有硝烟的战争。下棋打仗要有战略头脑地谋势，人生局面的开创又何尝不是如此？看有些人不显山不露水，数年之后竟好运连连、功成名就；而更多的人忙忙碌碌、东奔西跑，却一直没有出头的日子。这其中的差别无非在于：前者重"谋势"，而后者谋的只是"事"。谋势者，顺势而为，力之所至，势如破竹；谋事者拘于琐事，做事无章法，如盲人捉鱼，全凭运气。

识时务为俊杰，乘时势是英雄。飞蓬遇飘风而致千里，正是乘势而为。龙无云则成虫，虎无风则类犬。强者是那些懂得借助时势来成就自己的人。举凡那些成就一番惊天动地的伟业的人，莫不懂得乘势而行，待时而动。倘若时机不成熟，便甘于寂寞，静观其变，如姜太公钓闲于渭水，诸葛亮抱膝于隆中；一旦风云际会，时运骤至，就会愤然而起，当仁不让，改变历史。如李世民在隋朝末年暗地招兵买马，劝手握重兵的父亲李渊造反。他们举起造反大旗的那年，李世民年方18（虚岁20）。这么年轻就具有远见卓识的眼光与问鼎天下的勇气。又如赵匡胤策动"陈桥兵变"，黄袍加身。当然，基于当时的历史环境，我们不能用今天的法律与道德标准来衡量他们。

纵观活跃在商业界的各个大富豪，谁不是顺应时势的弄潮儿？

形势赐予我们的机遇往往是决定性的成功因素。一个人纵然有通天本领，如果处于一个黑暗的时代，他也不可能有大的作为。好的形势则犹如东风，此时乘势而行就犹如顺风扬帆，可以事半功倍。所以，把握自己的财运，关键要顺应形势、趋利避害，做一个把握时代脉动的弄潮儿。

时间在流转，世界在变化，每一波潮汐，都是大自然有形的呼吸。而在这潮起潮落之间，或许就孕育了一场生命的大躁动，完成一次历史的大跨越。我们正处于一个日新月异的时代，各行各业不断推陈出新，风云激荡，其中也孕育着发展的契机、事业的腾达。机会永远存在。而且伴随时代的步伐加快，会来得更频繁与迅速——但同时也会去得更频繁与迅速。每一项新的政策的出台，或新技术的出现，都有可能颠覆原有的商业格局，造成财富的大洗牌。看每年的财富英雄榜上名单的更新，你就知道发财与出局是何等剧烈。你要在这一场场洗牌中抓到一副好牌，不能凭运气，要凭眼光与智慧。

乘势首先要明势

李白"朝辞白帝彩云间，千里江陵一日还。"苏东坡坐船回老家，走得和李太白是同一条路，却整整花了 3 个月。原因无他，太白顺水，东坡逆水，一个是乘势而行，一个逆流而动，当然结果不一样啦。行船如此，人生同样如此。要想多快好省地抵达成功，应该像李白一样顺流而下，而这顺流而下的关键，便是要首先认清大势流动。

古人说："月晕而风，础润而雨。"能够从细微的先兆中认清了后来的发展形势，往往便会顺利地乘住大势，获得出人意料的成功。

乘势首先要明势，而明势的方法应该是"向前看"。今天是瞬息多变的，不可能有"守株待兔"的奇迹发生。所以，要做到准确把握大势，就要突破陈旧僵化的观点，用面向未来、风微知变的思维方式来解读当今日新月异的时代。

势不可挡亦不可违

早在北宋初期，有一位叫作薛居正的名臣写过一篇文章，叫作《势胜学》。其中有一句话说道：彰显之势，不可逆耳。大意是，已经明显呈现出来的时势，是不可违背逆转的。

因为，历史的车轮滚滚向前，社会的趋势与技术的革新跟在它的身后前行，他们的方向就是时势运转的方向。我们说过，在时势之中，一个人要想成事，则必须要洞悉清楚大势。而一切有违大势的行为，不管你是如何强硬，如何顽固不屈，最终，还是会被大势轻而易举地压破碾碎。这是显而易见的，因为毕竟，"念天地之悠悠"，我们个人的力量不免显得如蝗虫蚂蚁般渺小。

但像螳臂当车一般的事情，也总会发生在欲望膨胀不自量力的人身上。就拿袁世凯来说吧，从清朝到民国，他费尽几十年心血苦心经营了一份政治产业，自以为根基深厚，然后到头来终不免竹篮打水一场空，对于历史来说，也只不过是"徒增笑尔"。

因为在我们看来，在袁世凯称帝的那一刻起，其所谓的"帝业"便注定是短命的了。可以想象：如果袁氏不是在外交内患中一命呜呼撒手人寰，也必然会很快地被反对的民众赶下龙椅。就像一切的独裁者都不会有好下场一样，想袁氏这样违逆天下大势的行为，其结局无不是以悲惨收场。

袁氏的悲剧我们很熟悉，许多人嘴上念叨，可是在现实生活中却不免重蹈袁氏的覆辙，虽然，这些行为看似没有袁氏那样倒行逆施。

势不可挡，亦不可违。如果你"不识时务"，执意要当"盗火的普罗米修斯"，那结果只能是被悬到人生的断崖上，备受折磨。这时候，纵然是你有千般能耐，万分交际，也不会获得任何的救赎，或者有任何人来带你受过的。

大势不可违逆！在通往成功的路途上，不了解、不通晓事物发展的趋势，就如同失却了指路的地图一般，难以趋利避害，也终会迷失在人生的岔口中。

所谓"不知势，无以为人也"。要想真正做一个能够成大事的大人，我们实在应该"绝圣弃智"。当然，这不是教你不学无术，而是因为在社会上立身处世——

"虽有智慧，不如乘势"！

深思熟虑，布局宏大

不论男女，人生最怕格局小。人生是一盘大大的棋，你却只在一个边角消磨时间。要是你能怡然自得倒没什么，因为幸福只是一种单独个体的感觉，你觉得好，那就好，旁人无法置喙。但若你一面埋怨自己"命苦"，不甘心，不服气，却还在那个狭仄的边角不思改变，那就需要好好反思了。

你要什么，就要为得到它而深思熟虑，并做出努力，才有可能去得到。战国时期的吕不韦以"货人"而闻名。他的成功，就离不开精密的运筹与布局。

当吕不韦不满足于自己做大商人的格局时，见到了秦国入赵为人质的公子异人。于是，他打算做一笔大的"买卖"：拥立异人为君主，自己以功臣的身份分享成功。

吕不韦的"货人"买卖，可谓险阻重重，他是如何做到的呢？根据《战国策》中之相关记载，他先是找到落难中的异人，对他说："公子傒有继承王位的资格，其母又在宫中。如今公子您既没有重新在宫内照应，自身又处于祸福难测的故国，一旦秦赵开战，公子您的性命将难以保全。如果公子听信我，我倒有办法让您回国，且能继承王位。我先替公子到秦国跑一趟，必定接您回国。"异人听后，自然如行将溺水而亡的人看见有人伸出了手，自然是高兴万分。

取得异人的配合后，吕不韦必须说服秦国方接收异人。怎么实现这一目标呢？吕不韦想到了一颗棋子，王后华阳夫人的弟弟阳泉君。他找到阳泉君说："阁下可知？阁下罪已至死！您门下的宾客无不位高势尊，相反太子门下无一显贵。而且阁下府中珍宝、骏马、佳丽多不可数，老实说，这可不是什么好事。如今大王年事已高，一旦驾崩，太子执政，阁下则危如累卵，生死在旦夕之间。小人倒有条权宜之计，可令阁下富贵万年且稳如泰山，绝无后顾之忧。"阳泉君赶忙让座施礼，恭敬地表示请教。吕不韦献策说："大王年事已高，华阳夫人却无子嗣，有资格继承王位的子傒继位后一定重用秦臣士仓，到那时王后的门庭必定长满蒿野草，萧条冷落。现在在赵国为质的公子异人才德兼备，可惜没有母亲在宫中庇护，每每翘首西望家邦，极想回到秦国来。王后倘若能立异人为太子，这样一来，不是储君的异人也能继位为王，他肯定会感念华阳夫人的恩德，而无子的华阳夫人也因此有了日后的依靠。"阳泉君说："对，有道理！"便进宫说服王后，王后便要求赵国将公子异人遣返秦国。这样，王后也间接成了吕不韦的棋子。

有了异人的配合，有了王后的支持，但还需赵国愿意放异人走呀。赵国当然不肯放行。吕不韦就去游说赵王："公子异人是秦王宠爱的儿郎，只是失去了母亲照顾，现在华阳王后想让他做儿子。大王试想，假如秦国真的要攻打赵国，也不会因为一个王子的缘故而耽误灭赵大计，赵国不是空有人质了吗？但如果让其回国继位为王，赵国以厚礼好生相送，公子是不会忘记大王的恩义的，这是以礼相交的做法。如今孝文王已经老迈，一旦驾崩，赵国虽仍有异人为质，也没有资格与秦相国亲近了。"于是，赵王就将异人送回秦国。

公子异人回国后，吕不韦还离成功很远。自古以来，宫廷争斗复杂而又凶险，异人如何从昔日落魄的人质变成显贵的太子呢？吕不韦打的是华阳夫人的主意。吕不韦不让他身着楚服晋见原是楚国人的华阳夫人。华阳夫人对他的打扮十分高兴，认为他很有心计，并特地亲近说："我是楚国人。"于是把公子异人认作儿子，并替他更名为"楚"。秦王令异人试诵诗书。异人推辞说："孩儿自小生长于赵国，没有师傅教导传习，不长于背诵。"秦王也就罢了，让他留宿宫中。一次，异人乘秦王空闲时，进言道："陛下也曾羁留赵国，赵国豪杰之士知道陛下大名的不在少数。如今陛下返秦为君，他们都惦念着您，可是陛下却连一个使臣未曾遣派去抚慰他们。孩儿担心他们会心生怨恨之心。希望大王将边境城门迟开而早闭，防患于未然。"秦王觉得他说话极有道理，为他的奇谋感到惊讶。华阳夫人乘机劝秦王立之为太子。秦王召来丞相，下诏说："寡人的儿子数子楚最能干。"于是立异人为太子。

公子楚做了秦王以后，任吕不韦为相，封他为文信侯，将蓝田十二县作为他的食邑。而王后称华阳太后，诸侯们闻讯都向太后秦送了养邑。

一场波澜壮阔、跌宕起伏的"货人"买卖，就在吕不韦高超的操综下落下帷幕。他实现了自己的梦想。

美梦人人都会做，不同的是有的人美梦成真，有的人是黄粱一梦。要想美梦成真，就得去做具体的事物。越是大事，越是牵涉面广，越是难度大。写一本书我一个人就够了，而经营一个出版社则需要更多的人来协助。所以，对于牵涉面广、难度大的事情，或者说事业来说，你得先将事业行进的途中各项困难想清楚，然后尽量在各个险要之处安排妥当，让你过河时有人搭桥，登高时有人架梯。

人生布局，要以大局为重，眼光要远。就像下棋，全局观念至关重要，开局投子要抢占要点，并注意子力间的策应和联络，最忌一开始就在乎只子一城的得失。初学者往往会一开始便纠缠一两子的得失，等到此小战役虽然胜了，地盘却让人占尽。

　　伴随着时间沙漏不容商量的流逝，我们的人生越来越短，生命画布上留给我们落笔的地方也日渐逼仄。从现在开始，开始为你的人生作一个长远规划，并根据这个规划布好人生的局，争取在余下的人生画布上尽量少些败笔，以画出最美丽的图案。

第五章 积蓄力量，做好准备

人不是靠偶尔撞在木桩上的兔子获得成功的。所有的成功者，虽然看似都有幸运的成分，但仔细分析，会发现他们在到达成功之前，无不为之付出了辛劳的努力和做了大量的准备。

凡事预则立，不预则废。这句话说的是，不论做什么事，事先有准备，就能得到成功，不然就会失败。

工欲善其事，必先利其器

有个伐木工人在一家木材厂找到了工作，各方面的条件都让他满意。于是他很珍惜，暗下决心要好好干。第一天，老板给了他一把锋利的斧子，他砍了 18 棵树，老板对他褒奖有加；第二天，大受鼓舞的他干得更带劲了，但是他只砍了 15 棵树；第三天，他拼命去干，却只砍了 10 颗。

工人觉得很惭愧，向赏识他的老板道歉，并表明自己的工作成果日益下降并不是自己不努力，而是不知道怎么回事，好像自己砍树时能使出来的力气越来越小了。老板问他："你上次磨斧子是什么时候？"工人诧异地回答："我每天忙着砍树，哪里有时间去磨斧子？"

在大多数人的一生中，总有某些时候曾经像这个伐木工人一样，因为过于沉溺于一个活动之中，而忘了应该采取必要的步骤使工作更简单、快速。俗话说得好，"磨刀不误砍柴工"。虽然磨斧头一开始牺牲了时间和精力，但最后的结果却比不磨斧头要好得多，因为等到砍柴的时候我们便可以花更少的时间，做更多的事情，提高工作效率了。

还有一个当代的管理寓言讲述的也是这样一个道理。

一只野猪在大树旁勤奋地磨獠牙。狐狸看到了，好奇地问它："既没有猎人来追赶，也没有任何危险，为什么要这样用心地磨牙？"野猪答道："你想想看，一旦危险来临就没时间磨牙了。现在磨好了利牙，等到要用的时候就不会慌张了。"

现实生活中，我们每个人的发展也应该如此。所谓"工欲善其事，必先利其器"，如果平时不勤奋地"磨刀""磨牙"，等机会来临，却发现自己能力不够，基础不实，再亡羊补牢，再临时抱佛脚，恐怕也已经为时晚矣啦。

所以，为了以后着想，我们的确应该注重自己平时的积累，比如我们可以在闲暇的时候看一本好书，听一堂好的讲座，学一门新的手艺等等。当然，在做这些事情的时候，一定要注意两件事。

首先，就是要把眼光放得长远一点，要相信：这些耽误了我们休息与玩乐时间的事情，纵然是一时之间派不上用场，但并非是无用功，而是人生的食粮，最终，它总会对我们的人生产生重大的具有转折性的影响。

其次，不要三天打鱼两天晒网，要坚持地"磨刀"，要把"充电"变成生活的习惯，这样，你的人生才会大受裨益。

另外，也不要过度的劳累自己，要知道人不是机器，更重要的是，要认识到我们坚强的体魄与坚韧的灵魂正是上苍赐予我们的快刀与利斧。当你觉得做一件事越来越不像以前一般轻松时，不要只是想这件事是否难度增大了，需要消耗过多的体力与精神，更需要反省是不是自己的体力早已透支，头脑是否早已是一锅熬开了的糨糊？如果真是这样的话，奉劝只知埋头劳作的你还是歇一下，抬头望一下蓝天上的白云，让清爽的风抚过你的脸庞。歇息一下，才能积蓄足够精神体魄，努力向目标冲刺。

毕竟，"磨刀不误砍柴工"！

像狙击手一样预先瞄准

许多人不知道，狙击手们开枪的一刹那固然潇洒，但在开枪之前耐心的预先瞄准，却才真正是他们射击成功的关键。我们都知道，对于狙击手来说，成败只在一瞬间，而就是这一瞬间，决定的便很可能是他们的生死。所以，可以这样说，预先耐心的瞄准能够决定狙击手的生死。

离开战场的硝烟滚滚，回到现实生活的雾重烟轻之中，蓦然回首，我们也许会惊讶地发现，其实，每一个人都是生活的狙击手。我们的生死存亡，往往也就决定于一瞬间，而在这一瞬间之前，需要的也正是我们像狙击手一样预先瞄准。

美国国家品质奖象征着美国企业界的最高荣誉。要赢得此奖，公司必须使蓝带小组的人信服，他们能生产全国最高品质的产品。

摩托罗拉为了赢得此奖，很早就派了一个侦察小组，分赴世界各地表现优异的制造机构进行考察。目的不仅是看他们怎么做，也要看他们如何精益求精。

所有摩托罗拉的员工都面临着挑战，力求大幅度降低工作中的错误率。一批以时计酬的工人，负责指出错误并有奖赏。工程师所设计的移动电话零件数目，由 1378 项减至 523 项。结果是：错误率降低 90%。但摩托罗拉仍不满意。

公司又设定了新的目标。就移动电话而言，目标是：每产生100 个零件，其中，仅能容许三四个错误。也就是说，要求所生产的电话的合格率达到 99.9997%。

所有摩托罗拉员工，都收到一张皮夹大小的卡片，上面标示着公司的目标。公司还制作了一盒录像带，解释为什么99%的产品无故障仍嫌不足。这盒影带指出，如果这个国家的每一个人，都以99%的品质来工作，那每年就会有二十万份错误的医药处方，更别说会有三万名新生儿，被医生或护士失手掉落地上。试问，99%的品质，对于将其性命托付给摩托罗拉无线电话的警察而言，是否足够？

　　这样的做法给了员工以警示，也激励了他们的责任心，所有的员工都开始更加精益求精地要求自己了。于是，整个1988年度，摩托罗拉的质量问题大为减少，以至于因此减掉了昂贵的零件修复与替换工作，从而节省了二亿五千万美元，收入增加了23%，利润提高了44%，达到前所未有的纪录。这样的盈余回报是令人欣慰的，也出乎原先的预期。

　　更重要的是，由于有着预先耐心准备，到了1988年美国国家品质奖真正评审的时间，摩托罗拉的产品品质，达到了无人可以匹敌的水准，故而一举夺魁。

　　著名的成功学家卡耐基曾对世界上一万个不同种族、年龄与性别的人进行过一次关于人生目标的调查。他发现，只有3%的人能够明确目标，并知道怎样把目标落实；而另外97%的人，要么根本没有目标，要么目标不明确，要么不知道怎样去实现目标⋯⋯10年之后，他对上述对象再一次进行调查，结果令他吃惊：调查样本总量的5%找不到了，95%的人还在；属于原来97%范围内的人，除了年龄增长10岁以外，在生活、工作、个人成就上几乎没有太大的起色，还是那么普通与平庸；而原来与众不同的3%，却因为预先设定了目标，再加上耐心为目标进行了大量的准备，故而他们不仅在各自的领域里都取得了相当的成功，也在自己人生的道路上，成了优秀的"狙击手"。

人生路上三件护身法宝

20 世纪杰出的英国作家约瑟夫·康拉德在 1914 年写了一篇名为《保护远洋油轮》的文章，里面提到了一种能够避免轮船发生碰撞而导致灾难恶果的装备，叫作"碰垫"。

碰垫是用粗绳结成的一种球，直径大约一英尺多。把这样一个碰垫系在绞收索末端，挂在船舷外，也许船只就不至于被毁，甚至上千人也不会丧生。在继"泰坦尼克号"因撞上冰山而被大海吞没后，"爱尔兰皇后号"因与另一艘轮船相撞而折载浩瀚的大洋，康拉德分析认为，除了航道规则、指挥判断、水手技艺等因素，最需要的就是一个看似不起眼的被航海人称之为"布丁"的碰垫。他说："我确实相信，小小的碰垫会使事情有很大的不同——有了碰垫可能仍会有相当大的损失，没有碰垫却会造成可怕的灾难。"

我们通常习惯把人生比喻为航船。在跌宕起伏的人生之旅中，我们是不是更需要准备好一个结实耐用的"人生碰垫"呢？我想，回答是肯定的。因为几乎没有一个人的一生会是一帆风顺的，磕磕碰碰总是在所难免。当我们的人生因发生"碰撞"而面临危难时，富有坚韧抗御碰撞能力的意志与精神，便成了我们不可或缺的"人生碰垫"；它不仅会使我们经受住碰撞的伤害，而且会使我们有足够的勇气和力量，在摆脱危难之后一步一步走向希望的彼岸。

除了碰垫，也许我们还需要雨衣。

人生的行走中总难免遇到瓢泼大雨。于是，我们前行的道路便会泥泞不堪，崎岖难行。

　　这时候，给人生准备一件雨衣，这件雨衣是健壮的体魄，是丰富的知识，也是强稳的心理，它可以在最艰难的人生之路上，保护我们继续前行，找到出路，走向不远处的彩虹，也让灵魂不被打湿。

　　另外，我们的人生也不都总是小径中慢行的彳亍。有时候，生命会忽然进入一条快车道。这时，我们便需要第三件护身法宝了，那就是，备胎。

　　有的人的人生备胎是知识。苏联文学家高尔基有一句话："没有任何一种力量比知识更强大，用知识武装起来的人是不可战胜的。"有的人的人生备胎是朋友。在人生的这场搏斗中，如果形单影只，没有朋友，则很少不失败的；如果有了朋友，则众志成城，很少有不成功的。有的人的人生备胎是财富，拥有了财富，就有了时间的自由、金钱的自由，而且会源源不断地带来财富。有的人的人生备胎是成熟的韵味，是智慧的素养，可以年华老去，但不可以言而无味……但人生的备胎不必太多，太多的后备反而会成为人生的重负。生命之旅若不能轻装前进，我们的自我便可能被压抑的变形。

　　总之，一言以蔽之，在人生路上，要想走得更加优雅从容，那么我们就真得未雨绸缪，用三件法宝将自己保护起来。如此，方能在未来可能遇到的狂风骤雨与艰难险阻中安然无恙。

今天的准备是明天的成功

贾伯斯 17 岁时进入大学，只读了一个学期就辍学了，因为他觉得自己在大学里找不到人生的答案，大学不能让他明白他的人生真正想要什么。在这种情况下，他不忍心再继续用养父母那微薄的收入来支付自己学习其他东西的学费，因此辍学后的他有一年半的时间都寄宿在朋友的宿舍里，靠卖可乐瓶的钱糊口。当时，在别人眼中，他绝对是个"没有救了"的年轻人。

贾伯斯选择辍学后并没有离开学校，从此，不感兴趣的学科他就不用花时间去上课了，可以自由选择自己喜欢的课程旁听。值得一提的是，他对书法很有兴趣，所以那时花了很多时间学习书法。

那时积累的经验在 10 年后才大放异彩。贾伯斯辍学后在一家电视游乐器公司上班，当了一年的设计师，然后他和同事一起离开公司，在养父母的仓库里创立了"苹果电脑公司"。贾伯斯在 29 岁那年开始研发"麦金塔"电脑，创新运用大量特殊字形，获得了广大消费者的支持。

苹果电脑在草创时期仅有两名员工，但短短 10 年，已扩增为拥有 4000 多名员工、公司总资产高达 20 亿美元的全球知名企业，贾伯斯也因此成了美国群众的偶像。回顾这些过往，他说："如果当时我没有放弃大学学业学习书法，那么'麦金塔'不可能有如此丰富而均衡的字形概念。"尽管当时贾伯斯学习书法的动机只是单纯的兴趣使然，并没有想到用它在将来成就一番辉煌事业，但回首来时路却发现，以往的所有经历，现在都如同一条线般连在了一起，当年的准备正是今日的成功。

这就像是哈佛大学的校训一般："时刻准备着，当机会来临时你就成功了。"我们知道，对每一个人来说，机会总是会来的，而这个时候，你今天的准备则会决定你明天的成功。

流传甚广的奥尔·布尔的一件轶事能够更好地说明这个道理。这位杰出的小提琴家，多年以来一直坚持不懈地练习拉琴。通过不断的练习，他的技艺早已成熟到后来他出名时的那个程度了，但是他始终还是默默无闻，不为大众所知。

不过，他的运气迟早会到来。

一次，当这个来自挪威的年轻乐手正在演奏的时候，著名女歌手玛丽·布朗恰巧从窗外经过。奥尔·布尔的演奏使她如醉如痴，她从来没有想到小提琴能够演奏出如此优美动人的音乐，她赶紧询问了这个不知名乐手的姓名。随后不久，在一次影响力极大的演出中，由于她突然与剧场经理发生了分歧，不得不临时取消了自己的节目。在安排什么人到前台去救场时，她想到了奥尔·布尔。面对聚集起来的大批观众，奥尔·布尔演奏了一个多小时，就是这一个多小时，使奥尔·布尔登上了世界音乐殿堂的巅峰。对于奥尔·布尔而言，那一个小时便是机遇，只不过，他早已为此做好了准备。

"人生最宝贵的是生命，生命属于人只有一次。一个人的生命应当这样度过：当他回忆往事的时候，他不致因虚度年华而悔恨，也不致因碌碌无为而羞愧。"我们若不想愧对自己青春的年华与美好的生命，想在明天获得与众不同的成功，那么就现在开始着手，准备成功吧。

考虑周全方能稳操胜券

从前，有个愚人很笨，所以他一直很穷，可是他的运气还不错。在一次下雨的时候，他家有一堵围墙被雨水冲倒了，他居然从倒了的墙里挖出了一坛金子，因此他一夜暴富。可是他依然很笨，他也知道自己的缺点，他担心会因为自己的愚笨再次变得贫穷，于是就向一位老人诉苦，希望老人能指点迷津。

老人告诉他说："你有钱，而别人有智慧，你为什么不用你的钱去买别人的智慧呢？"

于是第二天这个愚人就来到了城里，见到一个智者，就问道："你能把你的智慧卖给我吗？我非常需要智慧。"

智者答道："我的智慧很贵，一句话就要100两银子。"

那个愚人说："只要我能买到智慧，多少钱我都愿意出！"

于是那个智者对他说道："你遇到困难先不要急着处理，向前走三步，然后向后退三步，往返三次，你就能得到智慧了。"

"智慧这么简单就能得到吗？"那人听了将信将疑，生怕智者骗他的钱。

智者从他的眼中看出了他的心思，于是对他说："你先回去吧，如果觉得我的智慧不值这些钱，那你就不要来了，如果觉得值，就回来给我送钱！"

当夜回家，在昏暗中，他发现妻子居然和另外一个人睡在炕上，顿时怒从心生，拿起菜刀准备将那个人杀掉。突然，他想到白天买来的智慧，于是开始前进三步，后退三步，各三次，正走着呢，那个与妻同眠者惊醒过来，问道："儿啊，你在干什么呢？深更半夜不睡觉，在那走来走去的？"

愚人听出是自己的母亲，心里暗惊："若不是白天我买来智慧，今晚就已经错杀自己的母亲了！买智者的智慧真是太值了。"

第二天，他早早地就给那个智者送银子去了。

古人常说，做事要三思而后行。很多事情，只有像智者说的那样，前进三步，后退三步，考虑周全，才能胜券在握，获得更好的结果。

住在伊利诺州奥尼市的一对年轻夫妇，霍华德先生和霍华德太太，也有这样的经历。像许多新婚夫妇一样，霍华德先生和太太在蜜月后不久，便已发生财务问题。那时正值第二次世界大战期间，霍华德先生必须进入海军服役，但他们的许多账单都还没有付清。霍华德先生和太太知道只是发愁没有什么用处，便坐下来盘算如何渡过难关。

事实是这样的：他们几乎欠镇上每一家商店的钱。虽然每家欠得都不多，却也没有办法在入伍之前全部还清。为了保持良好的记录，他们最后决定这么做——每个月向每家商店偿付一点钱。事实上，最困难的大概就是去面对那些商店老板，并向他们说明自己无法在入伍之前把债务还清。但出乎霍华德先生的意料，当他向第一家商店老板说明他的困难，但表示愿意每月逐渐付清款项的时候，老板的态度十分和蔼，使他不禁松了口气，以下的几家也都进行得十分顺利。结果，这些债务后来都还清了，有家商店老板甚至在他退伍回家之后还特地来找他，表示感谢他遵守诺言。

可以想象，若不是霍华德先生事前先坐下来仔细分析状况，他们很难作出适当的决定，并且付诸实行。事实证明，他们当初的决定是对的。我们之间有许多人常常没有像霍华德先生这么

做，在行动之前从来不坐下来仔细研究一下究竟是什么在困扰着
我们。如果我们遇到事情的时候，能够不草率，而是认真思考，
反复权衡，那么我们的行动往往也会有的放矢，如霍华德先生一
般，获得一个良好的结果。

谨慎向左，犹豫向右

诸葛亮以北伐为己任，曾亲自率兵六出祁山，与曹操、司马懿大军决战，可均无功而返。有一次进军，诸葛亮手下大将魏延建议："我们为什么不从子午谷进军？那里敌军少，出了谷口就离长安不远了。"可一生谨慎诸葛亮怕万一被堵在谷中很可能就全军覆没，便否决了魏延的提议。可是敌军掌握了他的这一特点，子午谷几乎无兵把守。看来，在这件事上，诸葛亮的谨慎有点过了。其实，谨慎于每个人来说，同样是一把双刃剑，剑的一面是考虑周全，另一面却是犹豫不决，这一把剑使用的好坏，往往会决定一个人的成败。

一位智商一流、持有大学文凭的才子决心"下海"做生意。有朋友建议他炒股票，他豪情冲天，但去办股东卡时，他犹豫道："炒股有风险啊，等等看。"又有朋友建议他到夜校兼职讲课，他很有兴趣，但快到上课了，他又犹豫了："讲一堂课才20块钱，没有什么意思。"他很有天分，却一直在犹豫中度过。两三年了，一直没有"下过海"，碌碌无为。一天，这位"犹豫先生"到乡间探亲，路过一片苹果园，望见的都是长势喜人的苹果树。他禁不住感叹道："上帝赐予了这个主人一块多么肥沃的土地啊！"种树人一听，对他说："那你就来看看上帝怎样在这里耕耘吧。"

世界上有很多人光说不做，总在犹豫；有不少人只做不说，总在耕耘。成功与收获总是光顾有了成功的方法并且付诸行动的人。过分谨慎和粗心大意一样糟糕。如果你希望别人对你有信心，你就必须用令人信赖的方式表现自己。过度慎重而不敢尝试任何新的事物，对你的成就所造成的伤害，就像不经任何考虑就执行突发的想法一样严重。没游过泳的人站在水边，没跳过伞的人站在机舱门口，都是越想越害怕，人处于不利境地时也是这样。治疗恐惧的办法就是行动，毫不犹豫地去做。再聪明的人，也要有积极的行动。

有一个6岁的小男孩，一天在外面玩耍时，发现了一个鸟巢被风从树上吹掉在地，从里面滚出了一只嗷嗷待哺的小麻雀。小男孩决定把它带回家喂养。当他托着鸟巢走到家门口的时候，他突然想起妈妈不允许他在家里养小动物。于是，他轻轻地把小麻雀放在门口，急忙走进屋去请求妈妈。在他的哀求下妈妈终于破例答应了。小男孩兴奋地跑到门口，不料小麻雀已经不见了，他看见一只黑猫正在意犹未尽地舔着嘴巴。小男孩为此伤心了很久。但从此他也记住了一个教训：只要是自己认定的事情，绝不可优柔寡断。这个小男孩长大后成就了一番事业，他就是华裔电脑名人——王安博士。

谨慎向左，犹豫向右。人生就如一幅画，上面的一草一木都需要我们自己去思考去设计去描绘，并且要百般小心，才不至于留下瑕疵。我们的人生历程也是如此，只有小心谨慎去对待我们身边所有的人事物，才不会给自己留下遗憾。然而，作为“谨慎”的孪生兄弟的“犹豫”，却是我们人生路上的绊脚石。犹豫不决者，遇事总是左顾右盼，迟迟难以决断。等到做出决定，机遇已经错过，成功化为泡影。

在人生的道路上要面临许多的抉择，当我们面对时，千万不可犹豫，不要迟疑。只有当机立断，马上行动，成功才有希望。

学会倾听不同的意见

只受过 4 年小学教育，23 岁创业、7 年后成为日本收入最高的人，当他 1989 年逝世时，留下了 15 亿多美元的遗产。这就是被称为"经营之神"的松下幸之助传奇的一生。当松下幸之助被问到他的经营哲学时，他只有简单的一句话："首先要细心倾听他人的意见。"

伏尔泰说："耳朵是通向心灵的道路。"可见，倾听是非常重要的。

美国工商业每年有 500 亿美元培训预算的 2/3 是用于提高员工的沟通能力。斯坦福商学院教授杰弗里·普费弗著有《权力管理》，专门研究高级管理人员如何利用权力。他的结论是，倾听是众多成功管理人员必须具备的最关键的能力之一，其重要性甚至超过精明、创造力和组织能力。

如果我们回头细数世界级的创业"大腕""打工皇帝"，几乎个个是倾听的高手。

沃尔玛的创始人山姆·沃尔顿一生都在勤勉地工作。在他 60 多岁的时候，每天仍然从早上 4 点半就开始工作，直到晚上，偶然还会在某个凌晨 4 点访问一处配送中心，与员工一起吃早点。他常自己开着飞机，从一家分店跑到另一家分店，每周至少有 4 天花在这类访问上，有时甚至 6 天。

20 世纪 70 年代时，公司壮大了，山姆不可能遍访每家分店了，但他还会跑到自己的超市里，专门去听购物的老太太们的很多抱怨，然后他将用行动消除掉这些不满。

山姆正是通过听员工、听顾客、听各个分店的声音，了解沃尔玛的运营、顾客的需求。

倾听他人的不同意见，的确是成功路上少犯错误的捷径。但是，我们说来轻松，实际做起来却往往不那么容易。几乎所有关于倾听的研究都得出结论，认为我们不善于倾听。这个问题在尼尔·唐纳德·沃尔什的畅销书《与上帝对话之二》中特别强调出来："你根本就没有听。即使你在听，你也没有真正听到；你就是听到了，你也不相信所听到的；就算你相信所听到的，反正你也不会依其所言。"看似简单的倾听，总被淹没在繁忙的工作中。在"听"与"说"这对孪生姐妹间，"听"的价值往往是被低估了。

20 世纪 90 年代末，朗讯前 CEO 理查德·麦克吉恩和他的团队成为华尔街的超级明星，市场的追捧让麦克吉恩很难接受内部中肯的建议。

朗讯的科学家一再请求公司开发新的光通信技术——OC－192，却总不被采纳，最后竞争对手加拿大北方电信依靠 OC－192 设备功成名就。公司的销售人员告诉麦克吉恩，设定的增长目标变得越来越不能实现，为了实现预期目标，销售员便通过不合理的折扣价预支后面季度的销售。

过于重视股票价格的麦克吉恩，忽视了内部真正需要解决的问题，最终当股票缩水 80% 之后，他的 CEO 一职被他人取代。

对此，美国女企业家玛丽·凯说："不善于倾听不同的声音，是管理者最大的疏忽。"事实上，不仅是身处高位的企业家容易产生优越感，许多普通人，在一朝得志之后，也总是难免自命不凡，刚愎自用起来。而这个时候，失败往往就离他们不远了。

所以，我们，特别是处于年轻时期的我们，要学会压抑自己的自我膨胀，打破"固化"的思维，能够尽量倾听别人，并将这样的行为延续成习惯，也变成自己成功路上的一面镜子。

莽撞冒进，一失则万无

据说，历史上著名的荆轲在刺杀秦始皇之前，曾经拜访过当时有名的剑客盖聂。

盖聂是当时著名的剑术大师，舞起剑来，变化无常，只见剑影缠身，不见其身，很是神奇。

一日，盖聂正在院中教徒，家人前来报知："有一位自称魏国的剑术大师荆轲，前来拜访。"

原来荆轲在燕国听武林中人说："榆次县聂村，有一神剑大师，叫盖聂，剑术十分了的。"所以，他怀着极大的好奇心，千里迢迢，慕名来到榆次县聂村，想与盖聂比试比试。

盖聂出于礼节，把荆轲请到上房。荆轲是性急之人，茶未沾唇边，便振四壁地讲起剑道来。他一边讲，一边把他的剑捧到盖聂面前，夸耀道："此剑天下真宝剑也。"说完，便迫不及待地邀盖聂到院中比剑。

然而，任凭荆轲说得唾沫四溅，盖聂始终未还他一句。只是用白眼斜视着他。

荆轲实感难看尴尬，动觉浑身刺痛心中一颤，抬眼细觑，盖聂满身傲气，并从小瞧自己的眼神中看出，盖聂绝不是一般的剑客。

荆轲未动一剑，便败下阵来，很知趣地收起剑，双手一揖，低头而去。

荆轲走后，盖聂对他的几个徒弟说："这个荆轲，他所论的剑术，只是一般的流识。别说比武，我只用眼瞪他，他就走了，还算知趣。他真感羞愧的话，定不敢再留在榆次。"

盖聂的徒弟们不信，便去荆轲住过的地方打听消息。果不其然，荆轲当日就离开了榆次。

徒弟们把这个消息告诉了师父盖聂，盖聂十分惋惜地叹道："荆轲这个人，性情直率倒可取，但惜他心高气傲不谦虚。我想用眼瞪他，是想让他规矩些，要他拜我为师，苦练剑术以可成名。可是他自尊心太强。就他那点剑术，一般的事还可以。安邦救国的大事，志大而才疏，是他致命的弱点。"

想不到，聂盖一语成谶，后来的事情果然又如他所料。不久之后，荆轲接受了燕太子丹的委托，前去刺杀意图吞并六国、统一天下的秦始皇。然而，就在金殿之上，图穷匕首见之时，荆轲却由于自身剑术的缺陷，使得一剑掷出，投偏了一点，没有刺中始皇，只扎中了柱子。差之毫厘，失之千里，这样一来，荆轲功亏一篑，没有完成刺杀任务。

由此可见，立身处世，要想有所成就，就不可不谨慎谋划，虚心准备，否则，若是像荆轲一样莽撞冒进，那么就算只走差了一步，也很可能万劫不复，血本无归。

第六章　结交一些高质量的朋友

一个人的能耐有限，倘若善于整合朋友资源，互通有无，共同进步，其能耐是以几何倍数增加的。投胎豪门，那是命；娶到富家女或调到金龟婿，那是缘。这些都是人力所难控制的。唯有结交高质量的好朋友，这一点是我们所能把握的。

人生的成就，大抵是前半生取决于专业能力，后半生靠的是人际关系。

一个人的能耐，主要体现在资源上

仿佛一条看不见的经脉，又仿佛一张透明的蜘蛛网，人际关系看不见却能感觉得到，摸不着却能量巨大。从一定意义上说，这个世界一切与成功有关的"好东西"，都是给人际关系顺畅、硬扎的人准备的。人际关系高手们左右逢源，四通八达，对他们而言，没有趟不过的河、翻不过的山。

一个人有多大能耐，并非仅仅指他自身的能力，而是指所能调动的所有资源。美国有成功学家，叫卡耐基，他在研究成功诀窍时得出一个结果：一个人的成功，有85%取决于该人的人际建构与经营的状况。外国人喜欢用精确的数据来说话，卡耐基的85%的数据也许值得商榷，但人际关系对于人生的重要性是任何人都要承认的。

比尔·盖茨那么厉害，是因为掌握了知识经济时代的脉搏与律动，在电脑科技上的天才与执着——这些是很重要的。但很多人容易忽略盖茨还是一个善用关系的高手。他在念大学时就开始兼职创业，第一个大单是与当时世界第一电脑强人——IBM 签订的。没有这个良好的开端，估计盖茨的首富之路也更加艰难与曲折。

每个人都生活在盘根错节的人脉网络中，要想生活充满乐趣、事业一马平川，谁也离不开他人的帮助与扶持。美国著名杂志《人际》在 2002 年的创刊词中，就有这么一段话："如果你不信，你可以回忆以往的一些经验，就会发现原本你以为是自己独立完成的事，事实上背后都有别人的帮助。因此，在社交场合，你应该尽量表露真正的自我与自己真正的才华，它们将会给你许多有用的建议。绝不可低估人脉的力量，否则将白白失去许多有利的帮助之力。"

其实，搞人际关系并非是"走后门"的同义词，人际关系完全可以是一种资源的正当共享，感情的互相支撑。

如果你还没有认识到人际关系的重要性，我们再探讨一个问题：在你引以为憾的往事中，有多少失败了的事情只要有一个关键人物出手帮你，你就可以摆脱败局？一定很多吧？

所以，我们的成败，在一定程度上是人际关系成败的折射。从小到大，你是否注意过深耕人际的肥沃土地？如果以前因为年少无知没有重视，那么现在一定不能再让那片肥沃的土地荒芜了！

与雄鹰为伍，交卓越之士

结交朋友，拓展人际，带给你的绝对不仅仅是牵线搭桥或关键时候的出手相助那么简单直接。事实上，你的朋友还能决定你的眼光、品位、能力等内在的东西。朋友的影响力非常大，可以潜移默化地影响一个人的一生。身边朋友的言行，如滴水穿石般、矢志不渝地影响着我的思路、眼光、做人的方式与做事的方法。

著名的人际关系学家罗伯特·T. 清崎曾经说过这样一句话，"你想要创造多少财富，就接近那些拥有多少财富的人。"这句话意义深刻，简单理解的话，就是说：只有去和成功人士交往，你才有可能获得成功。

也许你现在还处于事业发展的阶段，你可能觉得自己不够资格和那些已经获得成功的人说话，因此，你不自觉让自己远离了他们的圈子，如果你是这么做的话，那你就大错特错了。俗话说"物以类聚，人以群分"。如果你总是和那些比你差的人相处，那么你很难从他们身上获得力量和经验来让自己更好地走下去。

成功一定有方法，失败一定有原因。你如果能主动挤进成功人士的圈子，那么你不仅可以学到他们成功的方式方法，也可以借鉴他们的经验，找出你为何不成功的原因。为什么我们还没有成功，没有到达自己设定的理想境界，有一个原因就是我们非常缺乏方法。有没有人天生出来就会经营企业的？没有。有没有人生出来就会演讲？有没有人生出来就会打篮球？没有成功者是天生的，所以说世界最成功的人都是靠学习而来的。

而这些人身上共有的特征是什么呢？为什么他们更容易获得

成功？因为他们有人相助，而且帮他们的都是有能力促其成功的大富大贵之人！

一个人想有所成就，就不能受困于自己的小圈子，要跳出来，并且勇于和比自己强的人结交，当自己和已经成功的人接触后，才会知道成功是一件多么美好的事情。就像同是河里的鲤鱼，但是知道跳龙门之后能变成金龙的鲤鱼，就总能奋力拼搏地去跳跃，而那些不知道跳出龙门有什么好处的鲤鱼还天天在那嬉戏玩耍，它们虽然乐得清闲，但却永远都只是一条鱼，而那些敢于拼搏的鲤鱼却变成了能飞上天的龙。做人也是这个道理，如果你不主动去结交那些成功人士，你永远都不会知道成功的好处，如果你只是一条道走到黑，你可能要很久才能走到路的终点，而如果能有贵人的指引，你就可能找到一条通向成功的捷径。

有些人只看到了别人的成功，他们以为那只是因为这些人运气好，而自己时运不济。这些人的想法太简单了，有哪一个人有着与生俱来的好运气呢？你回想自己走过的路，难道真的没有过什么机遇出现吗？是没有出现还是你自己没有把握住呢？当我们面前出现许多选择的时候，我们是选择了勇往直前，还是选择了逃避呢？其实，想成为什么样的人都是自己说了算的，就算你达不到那个高度，你也可以让自己有那个深度。

一个人想要成功，机会肯定是必不可少的，但是你要有能够抓住机会的能力；当然智慧也必不可少，但你也要有能够运用智慧的能力；"贵人"更是必不可少，但你要有让"贵人"青睐的本事。我们结交成功人士，虽然并不一定要让他们帮助自己什么，也不一定依葫芦画瓢比着他们的成功之路再走一遍，但是他们的成功经验却是凭着我们自身的经历难以悟出来的。这些经验可以帮助我们更深刻地理解社会，也可以帮助我们更顺利地走向成功。

欧洲首席致富教练谢菲尔曾说过:"要想成功,就要经常和那些已经成功的人打交道,少和一些不思进取的人在一起,尽管这些人为人都还不错,但是他们对你的成功毫无益处,只会让你也懈怠下来。"即便现在才开始创业,我们也要挤进成功人士的圈子里,不是去阿谀奉承,更不去讨残羹冷炙,而是去寻找能够开启命运之门的"金钥匙",从而取得和他们一样的成就。

美国有句谚语说:"和傻瓜生活,整天吃吃喝喝;和智者生活,时时勤于思考。"如果你想展翅高飞,那么请你多和雄鹰为伍,并成为其中的一员。

最后,我们还需强调的是:我们结交卓越之士的目的,主要是为了学习他们的为人处事方法,而非为了满足自己的虚荣。

落难英雄是个宝

对于普通人来说，结交卓越人士的难度有二：一是侯门深似海，贵人难见到；二是即使见到也难有深交。其中的原因，相信不用笔者多解释了。因此，对于普通人来说，结识落难的贵人，不妨为一个比较现实而又可取的途径。

人生总是有很多起起落落，世态炎凉，人生冷暖，尽在起落之间。一个显赫的人在走下坡路时，不少趋炎附势者会弃他而去——这种灰色的故事在我们身边从来就不鲜见。所以，有人说：要辨别谁是你真正的朋友，不要看你辉煌时有谁在替你唱赞歌，要看你潦倒时有谁安慰与鼓励你。在贵人从云端跌落深潭时，是你结识他的最佳时机。

虎落平阳被犬欺，龙游浅滩遭虾戏。昔日的辉煌，今朝的惨淡，若非个中之人，实在难以体会其中的痛楚。这个时候，是英雄感情最为脆弱的时候，你若能及时伸出你的手，英雄或许会铭记一生。潦倒时别人给你的一碗粥，比你富贵时别人给你的一匹锦更让人感动与感恩。可惜世上的人趋炎附势的人多，大多热衷于锦上添花，无意雪中送炭。这时，对方会用比往日多得多的时间与耐心，来和你好好交流，在交流中，你可以学到很多知识，他也能知晓你的为人与才能。倘若日后东山再起，你就是他的座上宾。便纵日后未能再腾达，他人生大起大落中的经验、教训若与我们分享，也是我们宝贵的财富。

结识身边的落难英雄，不应该停留在浅层次的交往上，要努力与其交心，并提供必要的精神乃至物质上的支持。如果对方一时情绪哀伤，则要适时好言安慰；如果对方一时精神萎靡，则要鼓励其振作；如果对方一时捉襟见肘，则要尽力相助。

结交英雄于微时

自古以来，英雄与美女之间演绎多少动人的故事。而美女慧眼识英雄，更是被人们传为佳话，唐初美人红拂女在芸芸众生中，辨识了默默无闻的李靖，并与之结为连理。李靖后来帮助李渊父子打天下，为唐王朝的建立与巩固立下了赫赫战功。唐朝建立后，李靖被封为卫国公，被皇家极为优待。

红拂女兰质蕙心，因战乱随父母从江南流落长安，迫于生计被卖入司空杨素府中成为歌妓，因喜手执红色拂尘，故称作红拂女。杨素是北朝和隋朝政坛上的一个通天人物，更是一个兴风作浪的高手。

李靖是三原地方一位文武双全的青年，生得身材魁梧，仪表堂堂，饱读诗书，通晓天下治乱兴国之道，还练就一身好武艺，精于天文地理与兵法韬略，心怀大志却一直苦于英雄无用武之地。后来隋朝稳定下来，他决定从家乡投身长安，以图施展抱负，为国效命。

李靖到了长安，由于国政大权基本掌握在杨素手中，于是他找到杨素进行自我推荐。谁知杨素老迈昏庸，并不怎么欣赏他。倒是杨素身边的红拂女目睹李靖英爽、谈议风生、见解出众，心中大为倾慕。等李靖郁闷地离开杨素府第，红拂女连夜就找到李靖的客栈，投奔了他。这就是千百年来脍炙人口的"红拂夜奔"的故事。

红拂女作为封建桎梏中的一介弱女子，用自己过人的眼光与魄力，为自己争得了爱情，并赢得了一个海阔天空的未来。对于现代人来说，其借鉴的意义当然不是狭隘地锁定在像她一样，找个有前途的爱人，而应该拓展到寻找尚未发迹却可能发迹的英雄，与之结下深厚情谊。

汉高祖刘邦出身卑微，还是地痞流氓时，萧何便发觉他独特的气质，内心仁厚，慷慨好施，这是天生领袖人才所具有的。萧何当时手里有点权力，便处处照料刘邦。先是帮助刘邦当了亭长，后来刘邦因没把犯人押解到指定地方而造反时，萧何又提供一些军饷来接济他。而且，萧何后来还编造了许多有利于刘邦的神话，将平凡的刘邦宣传成一个顺应上天而当天子的人。同时，萧何又帮刘邦广揽天下英才。如弃暗投明的韩信，由误会到深得刘邦信赖重用，完全是萧何全力保举的，正是因为这样，刘邦才能得到天下。

萧何之所以特别欣赏刘邦，除了他有着领袖的条件和胸襟外，还有其他的许多优点，如他有自主精神，不因娶了一千金小姐而投靠岳父；当他落难山林，也不扰乱平民，具有极强的忍耐；在他不得志时，受尽兄嫂白眼而委曲求全；在得到萧何提醒后，追求上进，而且还能知人善任。

萧何看准了刘邦是个前途无量的人物，在刘邦卑微时不惜余力帮助他。等到刘邦成功了，也成就了自己的事业。

敞开胸怀拥抱畏友

在你的朋友圈子里，有一类人很可能会被你所排斥——畏友。明代学者苏浚在他的《鸡鸣偶记》里曾把朋友分为四类。这四类是："道义相砥，过失相规，畏友也；缓急可共，死生可托，密友也；甘言如饴，游戏征逐，昵友也；利而相攘，患则相倾，贼友也。"这个交友的标准虽然是根据当时社会情况提出来的，但对我们现在择友仍然不无裨益。生活里，那种见利就上、就争，见朋友遇到困难或不幸就忘义、就倾轧的"贼友"，当然是不可交；那种甜言蜜语不绝于耳、吃喝玩乐不绝于行的"昵友"，固然可以带来一时欢快，却难以做到贫贱相扶、患难与共，也没有必要去交。值得我们倾注热情，以心相交的是能够"缓急可共，死生可托"的"密友"，是能够"道义相砥，过失相规"的"畏友"。

"缓急可共，死生可托"的"密友"，可谓朋友的最高境界，这种关系犹如忠贞哺渝的爱情般可遇不可求。而那种可以在道义、学业上互相砥砺，在缺点、错误上互相规劝的"畏友"，相对我们来说容易得到一些。在我们人生的路上，不乏这样的"畏友"——可惜的是很多时候被我们自己给拒绝了。"畏友"说话有点直，不怎么夸奖你，却喜欢指出你的不足，因此我们一般不愿意和其交友。其实，"畏友"和"密友"一样，都是我们人生好质量的朋友。

唐代诗人张籍，可以说就是韩愈的畏友。韩愈才华横溢、才名四播，却不能耐心听取别人的意见，而且生活上不检点，喜欢赌博。张籍为此一再给韩愈写信，直言不讳地提出批评和忠告，终于促使韩愈认识了自己的缺点。韩愈在写给张籍的信中说："当更思而悔之耳"，"敢不承教"。

北宋时的苏轼和黄庭坚也是一对好友，两人以诗文闻名于当世，也常坐在一起讨论书法。有一次，苏轼说："鲁直，你近来写的字虽愈来愈清劲，不过有的地方却显得太硬瘦了，几乎像树梢挂蛇啊。"说罢笑了起来。黄庭坚回答说："师兄批评一矢中的，令人心折。不过，师兄写的字……"苏轼见黄庭坚犹豫，赶快说："你干吗吞吞吐吐，怕我吃不消吗？"黄庭坚于是大胆言道："师兄的字，铁画银钩，遒劲有力。然而有时写得有些褊浅，就像是石头压的蛤蟆。"话音刚落，两人笑得前俯后仰。正是这种互相磨砺的批评精神，使得他们的友谊之树枝青叶茂。

如果你的身边有几个畏友，就能及时对自己的不足和过失进行指正、劝阻，无疑是走向成功的一大助力。

交结朋友的方法

朋友是一定要交的。但是，要怎样才能交更多更好的朋友呢？

用尊重赢得友谊

我们都很清楚自己想从朋友那里获得什么。可是你是否考虑过自己是个什么样的朋友？你是否体谅别人？你是否肯听别人的话？你是不是个好朋友？然而，更重要的是，你是不是尊重朋友？

在交往中，我们待人的态度往往取决于别人对我们的态度。所以，我们要获取他人的好感和尊重，首先必须尊重他人。与人相处时，要平等待人，不高人一等、故作姿态，不自以为是，不要在别人的背后评足品头、说三道四和指手画脚，始终保持友好平等的姿态与对方说话和办事，才不至于伤及他人的面子和自尊心，才可能与别人保持友好关系，才有助于做好自己的工作和事业。

以和气换来和谐

"和为贵"，这是古今中外成功者最推崇的处世哲学。《菜根谭》里这样写道。"天地之气，暖则生，寒则杀。故性气清冷者，受享亦凉薄。唯和气热心之人，其福必厚，其泽亦长。"

人在社会上或在工作中表现出的人与人的关系是一种相互依存的关系，我们不仅肩负着共同的事业，而且也有很多工作必须依靠大家合作协作才能完成，否则，互相拆台，暗中作梗，明处捣乱，要想把一件事情做好是不大可能的。而让周围的人都能齐心协力、团结合作，自然需要有和谐一致的气氛。倘若同事之间情感上互不相容，气氛上别扭紧张，就不可能团结一致地完成工作任务。

朋友之间也要拘小节

在日常生活中，说一个人不拘小节是体现这个人有豪爽的一面，说明他在一些小事上不太注意，这种人往往能够得到较多的朋友，给他人的感觉是容易相处，人缘好。然而，如果要是过于豪放，而不站在对方的角度去考虑问题，那么小节也会断送掉平时好不容易结成的友谊。特别是在与某些关系重大的朋友的交往过程中，恰恰更要拘小节。

在今天这个时代，人们越来越注重交友的质量和情趣，不拘小节的人将会逐渐失去朋友对自己的好感，而会使自己遭受到更大的损失。在处理朋友关系时不妨注意以下几点。

第一，不但要注意、更要注重小节。只有注意与注重相结合，才会有所行动，而行动中才能真正体现出"拘"的含义，"意之责于思，重之责于行"，两者的完美结合，循序渐进，才会有好的结果出现。

第二，不嫌其小。小节，中心就在于"小"字上，就是平时不为别人所关注的问题。正是这些小问题，会反映出许多东西来。以小见大，积少成多，只要你去做了，就会有闪光点，就必定会为别人所关注。"勿以善小而不为，勿以恶小而为之"，不正是说明了"小"的关键所在吗？

第三，不要歪曲"小"的含义。拘小节不等于斤斤计较，拘小节要拘到点子上、拘到刀刃上。朋友不会喜欢那种在一切事情上都要分清楚、一切事情上都要讲原则的人。

把握好友谊的"度"

朋友交往应该是"交往如水淡而不断"。交往过密，便有势利之嫌，"距离产生美"的道理同样适用于朋友之间的交往。而断了来往，时间便会无情地冲淡友情。特别是在生活节奏紧迫的今天，朋友之间很难有机会在一起聊天。朋友交往需要注意友情的维护，比如平时多打一些电话，相互问候一番，也会起到加深感情的作用。

君子之交淡如水，与《中庸》上的"君子之道，淡而不厌"是一个道理。君子的交友之道如淡淡的流水，长流不息、源远流长。今人将交友比作花香，说友谊就像花香，越淡就越持久，与古人有异曲同工之妙。

第七章　咬定青山不放松

咬定青山不放松，立根原在破岩中。

千磨万击还坚劲，任尔东西南北风。

成大事者，都要学习竹子这种不畏艰难、"咬定"目标绝不放松的精神。

宝剑锋从磨砺出

伟大的文学家高尔基在《我的大学》里说："生活条件越是艰苦，我觉得自己越坚强，甚至聪明。我很早就明白：逆境磨炼人。"我国古代著名哲学家孟子说："故天将降大任于斯人也，必先苦其心志，劳其筋骨，饿其体肤，空乏其身，行拂乱其所为，所以动心忍行，增益其所不能。"

"宝剑锋从磨砺出，梅花香自苦寒来"。历史上有作为的人，几乎都吃过苦。成功者常把苦难当成大学的必修课钻研，心存理想，为了奋斗目标调整好自己的心态，树立起雄心壮志，勇于面对现实。在他们看来，所拥有的这些磨难正是别人所没有的拼搏动力与人生财富，而在人生的逆境中，唯有"咬定青山不放松"，坚持自己的目标，方能够洗尽铅华，苦尽甘来。

亨利·威尔逊出生在一个贫困的家庭里。当他还在摇篮里时，贫穷就已经露出了狰狞的面孔。他深深地体会到，当他向母亲要一片面包而她手中什么也没有时是什么样的滋味。

他在 10 岁时就离开了家，当了 11 年的学徒工，每年可以接受一个月的学校教育，最后，在 11 年的艰辛工作之后，他得到了一头牛和六只绵羊的报酬。他把它们换成了 84 美元。从出生一直到 21 岁那年为止，他从来没有在娱乐上花过一个美元，每一个美元都是经过精心算计的。他完全知道拖着疲惫的脚步在漫无尽头的盘山路上行走是一种怎样的痛苦感觉……

在这样的穷途困境中，威尔逊先生下定决心，不让任何一个发展自我、提升自我的机会溜走。很少有人能像他一样深刻地理解闲暇时光的价值。他像抓住黄金一样紧紧地抓住了零星的时间，不让一分一秒的时间无所作为地从指缝间流走。

　　在他 21 岁之前，他已经设法读了 1000 本好书——想一想看，对一个农场里的孩子来说，这是多么艰巨的任务啊！在离开农场之后，他徒步到 100 英里之外的马萨诸塞州的内蒂克去学习皮匠。他风尘仆仆地经过了波士顿，在那里他可以看见邦克·希尔纪念碑和其他历史名胜。整个旅行只花费了他一美元六美分。一年之后，他已经在内蒂克的一个辩论俱乐部脱颖而出，成为其中的佼佼者了。后来，他在的议会发表了著名的反对奴隶制度的演说，此时，他来到马萨诸塞州还不到 8 年。12 年之后，这位曾经的农场穷小子终于凭借着多年来自己不懈的努力，熬出了头，进入了国会。

希望是坚持的动力

希望是坚持的动力，当我们身处困境，腾挪难转时，不要放弃颓丧，只要希望还在，人生终会豁然开朗。

有位年老的盲人琴师，技艺高超，远近闻名。他带着一个盲童，以弹唱为生，四处漂泊。

老琴师每弹断一根琴弦，就在琴体上认真地刻下一道。有一天，老琴师终于弹断了第 100 根琴弦。他泪流满面地刻下了第 100 道。因为老琴师的师傅在临终前叮嘱他：当他弹断第 100 根琴弦、刻完第 100 道的时候，便可以打开遗嘱中的药方到药店去买药，用药后双目就会复明。

他带着盲童迫不及待地找到了药店，出乎意料的是，药店的伙计大惑不解地说："遗嘱中一个字也没有，只是一张白纸。"老琴师惊呆了，简直不敢相信自己的耳朵，尽管他明白了师傅的一片苦心，可是那支撑着生命的精神支柱却彻底崩溃了。不久，老琴师便去世了。

老琴师在去世前，用盲文在那张原本无字的遗嘱上，给盲童写下了自己的遗嘱："我的生命可以告诉你：要战胜客观，首先要战胜自己。人的生命不仅需要物质力量的支持，更需要精神力量的支持。"

光阴似箭，当年的盲童已是一位技艺更加高超、名声更加显赫的老者了。他在珍藏了数十年的遗嘱上，又用盲文补充写道："希望和信念引导着光明和生存，绝望和颓废引导着黑暗和死亡。"他要将这三代的遗嘱传给后人。

希望带给我们美好，也指引着我们前进。正是由于希望的存在，曲折的生命行途才不再苦痛，反而是成了一条处处都充满了惊喜与美景的林间道路。

著名作家梭罗每天早晨的第一件事，是告诉自己一个好消息，然后他会对自己说，我能活在世间是多么幸运的事。如果没有出生在世，就无法听到踩在脚底的雪发出的吱吱声，也无法闻到木材燃烧的香味，更不可能看见人们眼中爱的光芒。于是，他每一天都满怀对生命的感激之情。

把退路全部堵死

　　秦朝末年，各地人民纷纷举行起义，推立诸侯，反抗秦朝的暴虐统治。秦国为了镇压起义，便派了三十万人马包围了赵国的巨鹿。赵王连夜向楚怀王求救。楚怀王派宋义为上将军，项羽为次将，带领二十万人马去救赵国。谁知宋义听说秦军势力强大，走到半路就停了下来，不再前进。军中没有粮食，士兵用蔬菜和杂豆煮了当饭吃，他也不管，只顾自己举行宴会，大吃大喝的。这一下可把项羽气坏啦。他杀了宋义，自己当了"假上将军"，带着部队去救赵国。项羽先派出一支部队，切断了秦军运粮的道路；他亲自率领主力过漳河，解救巨鹿。楚军全部渡过漳河以后，项羽让士兵们饱饱地吃了一顿饭，每人再带三天干粮，然后传下命令：把渡河的舟凿穿沉入河里，把做饭用的釜砸个粉碎，把附近的房屋放把火统统烧毁。这就叫破釜沉舟。项羽用这办法来表示他有进无退、一定要夺取胜利的决心。

　　楚军士兵见主帅的决心这么大，就谁也不打算再活着回去。在项羽亲自指挥下，他们以一当十，以十当百，拼死地向秦军冲杀过去，经过连续九次冲锋，把秦军打得大败。秦军的几个主将，有的被杀，有的当了俘虏，有的投了降。这一仗不但解了巨鹿之围，而且把秦军打得再也振作不起来，过两年，秦朝就灭亡了。

　　打这以后，项羽当上了真正的上将军，其他许多支军队都归他统帅和指挥，他的威名传遍了天下。

　　一个人在追求成功的道路上，在社会残酷的竞争环境下，也必须有破釜沉舟的精神才会获得大的成功。大多数成功人士之所以成功，都由于他们能够一心向着他所努力的目标前进。为了达成目标，他们能舍弃一切与他成功之路不相关的事物，眼光只锁定他的目标。不给自己留退路，让自己没有回旋的余地，方能竭尽全力，锐意进取，就算遇到千万困难，也不会退缩，因为回头也没有退路了，不如不顾一切地前进，还能找到一线希望。有了一种拼命或豁出去的信念，才能彻底消除心中的恐惧、犹豫、胆怯。当一个人不给自己任何退路的时候，他就什么都不怕了，勇气、信心、热忱等从心底油然而生，到最后自然"置之死地而后生"。

古希腊著名演说家戴摩西尼年轻的时候为了提高自己的演说能力，躲在一个地下室练习口才。由于耐不住寂寞，他时不时就想出去溜达溜达，心总也静不下来，练习的效果很差。无奈之下，他横下心，挥动剪刀把自己的头发剪去一半，变成了一个怪模怪样的"阴阳头"。这样一来，因为头发羞于见人，他只得彻底打消了出去玩的念头，一心一意地练口才，演讲水平突飞猛进。正是凭着这种专心执着的精神，戴摩西尼最终成了世界闻名的大演说家。

1830年，法国作家雨果同出版商签订合约，半年内交出一部作品，为了确保能把全部精力放在写作上，雨果把除了身上所穿毛衣以外的其他衣物全部锁在柜子里，把钥匙丢进了小湖。就这样，由于根本拿不到外出要穿的衣服，他彻底断了外出会友和游玩的念头，一头钻进小说里，除了吃饭与睡觉，从不离开书桌，结果作品提前两周脱稿。而这部仅用五个月时间就完成的作品，就是后来闻名于世的文学巨著《巴黎圣母院》。

一个人要想干好一件事情，成就一番事业，就必须心无旁骛、全神贯注地追逐既定的目标。在漫漫人生路上，当我们难于驾驭自己的惰性和欲望，不能专心致志地前行时，不妨斩断退路，逼着自己全力以赴地寻找出路，往往只有不留下退路，才更容易赢得出路，最终走向成功。

唯有偏执狂才能生存

一个人为实现某个目标，焦虑到一定程度时，就会成为偏执狂。对此，英特尔公司总裁安迪·葛洛夫曾说："唯有偏执狂才能成功！"因为，在成功之前，在还看不到希望的时刻，绝大多数人都陆陆续续地放弃了。偏执狂却不一样，作为成功的少数派，他们能够始终坚持他们的目标，不管经历多少风雨险阻，不离不弃，直到"后天的太阳"升起，收获一个灿烂的黎明。

肯德基的创始人桑德斯上校在65岁时还身无分文，孑然一身，当他拿到生平第一张救济金支票时，金额只有105美元，但他没有抱怨，而是自己问自己："到底我对人们能做出什么贡献呢？我有什么可以回馈的呢？"

随之，他便思量起自己的所有，试图找出可为之处。头一个浮上他心头的答案是："很好，我拥有一份人人都会喜欢的炸鸡秘方，不知道餐馆要不要？我这么做是否划算？"

随即他又想："要是我不仅卖这份炸鸡秘方，同时还教他们怎样才能炸得好，这会怎么样呢？如果餐馆的生意因此而提升的话，那又该如何呢？如果上门的顾客增加，且指名要点用炸鸡，或许餐馆会让我从其中抽成也说不定。"

好点子固然人人都会有，但桑德斯上校就跟大多数人不一样，他不但会想，而且还知道怎样付诸行动。随之他便开始挨家挨户地敲门，把想法告诉每家餐馆："我有一份上好的炸鸡秘方，如果你能采用，相信生意一定能够提升，而我希望能从增加的营业额里抽成。"

很多人都当面嘲笑他："得了罢，老家伙，若是有这么好的秘方，你干吗还穿着这么可笑的白色服装?"这些话是否让桑德斯上校打退堂鼓呢? 丝毫没有，因为他还拥有天字第一号的成功秘诀，那就是执着，决不轻言放弃。

于是，他驾着自己那辆又旧又破的老爷车，足迹遍及美国每一个角落。困了就和衣睡在后座，醒来逢人便诉说他的炸鸡配方。他为人示范所炸的鸡肉，经常就是他果腹的餐点，往往匆匆便解决了一顿。

两年过去了，桑德斯上校近乎偏执的坚持终于为他换来了成功。在整整被拒绝了 1009 次之后，桑德斯上校听到了第一声"同意"，他的炸鸡配方终于被接受了。

或许偏执坚持的人，不一定都会有桑德斯上校最后那样好的结果，能够获得成功，但无论成功与否，有一点毋庸置疑，那就是：他们始终在不断争取、不断前进，向着目标切实努力着，也始终保持着继续坚持的勇气和永不妥协的执着。

一言以蔽之，偏执狂总是生活的强者。

精诚所至，金石为开

"精诚所至，金石为开"一语最早的出处是《庄子·渔夫》，原文是：真者，精诚之至也，不精不诚，不能动人。东汉时候，学者王充在他的著作《论衡·感虚篇》中，借用庄子的句意，将原文改为了：精诚所至，金石为开。自此之后，这句话便被广泛地应用开来了。它的意思是：至诚所达到的地方，像金石那样坚硬的东西也被他打开。通常，我们用这句话来形容对人真诚、对事执着所产生的感动力。

我们每个人都渴望成功，但现实总是无情的。在这个世界上，没有永远的成功，只有永远的失败。人的一生是不可能不失败，因此人不可能对失败无动于衷。既然失败是所有人都无法回避的，那么我们究竟应该怎样面对挫折和失败呢？

有一个人，他的父亲是一个赌徒，母亲是一个酒鬼。他在拳脚交加的家庭暴力中长大，高中辍学，便在街头混。20岁时，他下定决心，要走一条与父母迥然不同的路，但是做什么呢？他长时间思索着。从政可能几乎为零；进大企业去发展，学历和文凭是目前不可逾越的高山；经商，又没有本钱……他想到了当演员——当演员不需要过去的清名，不需要文凭，更不需要本钱，而一旦成功，却可以名利双收。但是他是显然不具备当演员的投机条件，长相就难使人有信心，又没有接受过任何专业训练，没有经验，也无"天赋"的迹象。然而，他还是下定了决心，要用自己持续的努力达到目标。

于是，他来到好莱坞，找明星，找导演，找制片……找一切可能使他成为演员的人，四处哀求："请给我一次机会吧，我要当演员。"

一次又一次，这个人始终在被拒绝。但他并不气馁，他知道，失败定有原因。每被拒绝一次，他就认真反省、检讨、学习一次。而到了下一次，他则是拿出更多的热情和勇气去找人、去毛遂自荐……不幸得很，两年一晃过去了，钱花光了，他便在好莱坞打工，做些粗重的零活；两年来他遭受到1000多次拒绝。

他暗自垂泪，痛哭失声。难道真的没有希望了吗，难道赌徒、酒鬼的儿子就只能做赌徒、酒鬼吗？不行，我一定要成功！他想，既然不能直接成功，能否换一个方法。他想出了一个"迂回前进"的思路：先写剧本，待剧本被导演看中后，再要求当演员。幸好现在的他，已经不是刚来时的门外汉了。两年多耳濡目染，每一次拒绝都是一次口传心授，一次学习，一次进步。因此，他已经具备了写电影剧本的基础知识。

一年后，剧本写出来了，他又拿去遍访各位导演，"这个剧本怎么样，让我当男主角吧！"普遍的反映都是，剧本还可以，但让他当男主角，简直是天大的玩笑。他再一次被拒绝了。

然而，这个人还是没有放弃，始终在热情地推销自己。

终于，在他一共遭到1300多次拒绝后的一天，一个曾拒绝过他20多次的导演对他说："我不知道你能否演好，但我被你的精神所感动。我可以给你一次机会，但我要把你的剧本改成电视连续剧，同时，先只拍一集，就让你演男主角，看看效果再说。如果效果不好，你便从此断绝这个念头！"

为了这一刻，他已经作了三年多的准备，终于可以一试身手。机会来之不易，他不敢有丝毫懈怠，全身心投入。

第一集电视剧创下了当时全美最高收视率——他成功了！

现在，这个人已经成为世界顶尖的电影巨星。他就是史泰龙。

　　成功者的经历应当是我们前进路上的教科书。史泰龙用他的一生给我们上了生动的一课：面对困苦逆境，屡败屡战，愈挫愈勇，甚至是用自己持续的热情去融化了挫折的坚冰，这样，最后总会取得令人瞩目的成就。

第八章　业精于勤，荒于嬉

　　业精于勤，荒于嬉，毁于随。这句话的意思是：学业由于勤奋而精通，但它却荒废在嬉笑声中。这句话告诉我们唯有勤奋，克服懒惰懈怠，事业才会有所成。

勤奋是成功的信使

贪图安逸将会使人堕落，无所事事会令人退化，只有勤奋工作才是最高尚的，才能给人带来真正的幸福和乐趣。可以肯定的是，升迁和奖励是不会落在玩世不恭的人身上。

世界上到处是一些看来就要成功的人——在很多人的眼里，他们能够并且应该成为这样或那样非凡的人物——但是，他们并没有成为真正的英雄，原因何在呢？

原因在于他们没有付出与成功相对应的代价。他们希望到达辉煌的巅峰，但不希望越过那些艰难的梯级；他们渴望赢得胜利，但不希望参加战斗；他们希望一切都一帆风顺，而不愿意遭遇任何阻力。

有人问寺院里的一位大师："为什么念佛要敲木鱼？"

师说："名为敲鱼，实则敲人。""为什么不敲鸡呀、羊呀，偏偏敲鱼呢？"

大师笑着说："鱼儿是世间最勤快的动物，整日睁着眼，四处游动。这么至勤的鱼儿尚且要时时敲打，何况懒惰的人呢？"

故事虽然浅显，道理却至为深刻。

应该说，勤奋不是人类与生俱来的天性，相反，追求安逸倒是人类潜意识中共有的欲望。但无论何人，只要长期不懈地努力，就能养成勤奋的习惯。

在西方，勤奋被称为"使成功降临到每个人身上的信使"。

牛顿童年时有一次课间游戏，大家正玩得兴高采烈的时候，一个学习好的学生借故踢了牛顿一脚，并骂他笨蛋。牛顿的心灵受到了刺激，愤怒极了。从此，牛顿下定决心，发愤读书。他早起晚睡，抓紧分秒，勤学勤思。

经过刻苦钻研，牛顿的学习成绩不断提高，不久就超过了曾欺侮过他的那个同学，名列班级前茅。

后来，由于家庭的影响，牛顿一度辍学去学习经商。每天一早，他跟一个老仆人到十几里外的大镇子去做买卖。但牛顿非常不喜欢经商，他把一切事务都托付给老仆人经办，自己却偷偷跑到一个篱笆下读书。

一天，他正在篱笆下兴致勃勃地读书，赶巧被过路的舅舅看见。舅舅一看这个情景，很是生气，大声责骂他不务正业，把牛顿的书抢了过去。一看他所读的是数学书，上面画着种种记号，心里受到感动。舅舅一把抱住牛顿，激动地说："孩子，就按你的志向发展吧，你的正道应该是读书。"

在舅舅的帮助下，牛顿如愿以偿地复学了。从此，牛顿再度叩响学校的大门，成为一个品学兼优的学生，为他以后的科研工作打下了坚实的基础。

勤奋具有点石成金的魔力。那些出类拔萃的人物、那些将勤奋奉为金科玉律的人们，将使人类因他们的工作而受益。再也没有什么比做事拖拖拉拉更能阻碍一个人成功的了——它会分散一个人的精力、磨灭一个人的雄心，使我们只能被动地接受命运的安排，而不是主动地去主宰自己的生活。

如果你觉得自己是个天才，如果你觉得"一切都会顺理成章地得到"，那可真是天大的不幸。你应该尽快放弃这种错觉，一定要意识到只有勤勉地工作才能使你获得自己希望得到的东西，在有助于成长的所有因素中，勤奋是最有效的。

这个世界上留存下来的辉煌业绩和杰出成就无一例外都来自勤奋的工作，不管是文学作品还是艺术作品，不管是政治家、诗人还是商业家。

不断学习使生活更美好

在充满未知数的人生旅途中，每一位旅者都在通过自己的努力不断填写着个人的收支平衡，抑或赤字，抑或平衡，抑或盈余。而这种收支平衡表内容的变更主要取决于旅者资本雄厚的程度，也就是知识的积累和个人素质以及能力提升的程度，说到底，也就是学习的程度。

著名历史学家麦考莱曾说："如果有人让我当最伟大的国王，一辈子住在宫殿里，有花园、佳肴、美酒、大马车、华丽的衣服和成百的仆人，条件是不允许我读书，那么我绝不当国王，我宁愿做一个穷人，住在藏书很多的楼阁里，也不能当一个不能读书的国王。"麦考莱宁愿做读书的穷人，也不愿做不读书的富有国王，可见学习对他而言的重要性。

美国著名的女作家、教育家海伦·凯勒在一岁多的时候，因为发高烧，脑部受到伤害，从此以后，她的眼睛看不到，耳朵听不到，后来连话也说不出来了。这对一般人来说是不可想象的，但海伦并没有悲观，更没有向命运低头。在她的家庭教师沙利文的帮助下，用手触摸学会手语，摸点字卡学会了读书，后来用手摸别人的嘴唇，终于学会了说话，并且学会了五种文字。24岁时，她以优异的成绩毕业于世界著名的哈佛女子学院，此后她将毕生的经历和心血都投身于慈善事业。一个盲聋人居然会有这么大的成就，难道不让人惊讶吗？如果海伦屈服于不幸的命运，不用知识和学习改变命运，那么她就会成为一个可怜而又愚昧无知的寄生者！但她却与不幸的命运做斗争，她以惊人的毅力和顽强的精神，不断学习，用知识充实自己，为人类做出了巨大的贡献。

　　人生在于学习，而人的价值在于创造和贡献，学习可以增强人的能力；加强人的创造事业力量，所以我们必须不断地学习才能使自己的生活过得更好。

学习需要有脚踏实地

　　有一个故事，说的是在西撒哈拉沙漠中有一个小村庄比赛尔，它在没有被发现之前，还是一块贫瘠之地，那里的人没有一个走出过大漠。据说不是他们不愿离开那儿，而是他们尝试过很多次都没能走出去。当一个现代的西方人到了那儿，听说了这件事后，他决心做一次试验。他从比赛尔村向北走，结果三天半就走出来了。

　　经过此事，他终于明白比赛尔人之所以走不出大漠，是因为他们根本就不认识北斗星。因此，他告诉当地的一位青年，要想走出大漠。只要白天休息，夜晚朝着北面那颗星走，就能走出大漠。那个青年照着他的话去做，三天后果然来到了大漠边缘。

　　学习就是这样一条被无知沙丘包围的漫漫长路。唯有识得北斗星，并坚持不懈地向之前进，才能走到人生宽阔的大道上。那么学习路上的北斗星是什么呢？

　　那就是端正的态度。在学习的过程中国，我们必须要有一种脚踏实地的态度，这样才会学有所得。

　　从前，有个楚国人，经常看到别人在河里海上驾驶着船乘风破浪，心里非常羡慕，便决定去学习驾船技术。于是，他找到了一位江边的老船工，拜到了他的门下，开始学习驾船技术。

　　楚国人开始学习非常勤奋刻苦，为了掌握一个技术要领，把手上的皮磨掉了都不在乎，再加上师傅对他非常器重. 教得认真仔细，楚国人在不长的时间里进步很快，虽然还不能独自驾驶，但却能在师傅的指点下驾船了，对于一些基本的驾船技术，比如：挥桨、掉头、转弯、加速、减速等等在师傅的指挥下，他都划得像模像样的，师傅对他的进步也赞扬了一番。

　　这就使楚国人心里得意扬扬，心想：原以为驾船技术很难呢，现在看来也不过如此嘛。这么短的时间我就学会了驾船，真是个天才。不过老是在师傅指挥下驾船总是不那么舒服，要是自己能一个人驾驶该多好啊。于是楚国人就对师傅说："师傅，我学了这么长时间，您觉得我学的怎样？"师傅拍了拍他的肩膀说："你进步得挺快，学得不错。"听了师傅的夸奖，楚国人蠢蠢欲动，便请求师傅第二天让他自己一个人驾驶小船。老船工同意了，但是告诫他不要划到下游的激流中去。

　　然而，到了第二天，楚国人却全然忘记了老船工的劝告。他兴高采烈地来到小河里练习驾船，没一会儿就迫不及待地把船驾到了下游河中央，得意地击着鼓，飞快地前进，谁知这里和他练船的地方大不一样，水流非常湍急，而且还有暗礁险滩，面对这样的境况，楚国人一下子就懵了，船也失去了控制，随着漩涡直打转，楚国人什么也做不了，船桨和船舵也被激流冲走了，他就只能大声呼救，毫无刚才得意之情了。

　　在学习的过程中积极上进是好的，但好高骛远却很容易让人迷失方向。这则故事告诫我们：学习中浅尝辄止，满足于一知半解，略有新知就骄傲自满，稍有进步就妄自尊大，以为已经掌握了所有知识，而不愿继续学习的人，最终难免失败，也不可能学有所成。

　　所以学习要脚踏实地。在日常的生活中，只要提高对学习的认识，端正学习的态度，良好的学习习惯就一定会形成，而这样的习惯必将会让我们受益终生。

刻苦加方法才会有所成

学习是一件苦事。无论你用怎样的花言巧语来美化，都不能改变学习是一件苦差事的事实。古人说得最好："书山有路勤为径，学海无涯苦作舟"。一个人要想在学业上获得成功，就必须有刻苦的精神。

苏秦是洛阳人。洛阳是当时周天子的都城。他很想有所作为，曾求见周天子，却没有引见之路，一气之下，变卖了家产到别的国家找出路去了。但是他东奔西跑了好几年，也没做成官。后来钱用光了，衣服也穿破了，只好回家。家里人看到他趿拉着草鞋，挑副破担子，一副狼狈样。他父母狠狠地骂了他一顿；他妻子坐在织机上织帛，连看也没看他一眼；他求嫂子给他做饭吃，嫂子不理他扭身走开了。苏秦受了很大刺激，决心争一口气。从此以后，他发愤读书，钻研兵法，天天到深夜。有时候读书读到半夜，又累又困，他就用锥子扎自己的大腿，虽然很疼，但精神却来了，他就接着读下去。传说，他晚上念书的时候还把头发用带子系起来拴到房梁上，一打瞌睡，头向下栽，揪得头皮疼，他就清醒过来了。这就是后来人们说的"头悬梁，锥刺股"，用来表示读书刻苦的精神。就这样用了一年多的工夫，他的知识比以前丰富多了。

学习的路上并无捷径，所谓的天才，都是通过勤奋努力而学有所成的。

当然，物极必反，只知道一味刻苦也是不行的。有一个叫作郭路的博士弟子，他做学问十分刻苦努力，但为人却死板鲁钝，不知变通。于是有一天晚上，秉烛熬油，修订经书的时候，由于在旧说的繁复中执拗不出，终于死在了烛下。

郭路的学习精神是好的，但是如此学法恐怕并非良方吧。看来死钻牛角尖，而没有正确的学习方法，也是无法学有所成的。除了刻苦，学习方法也是很重要性的，掌握好的学习方法可以用最短的时间达到最好的效果，让学习事半功倍。

应该说，刻苦的学习精神与正确的学习方法，对我们来说，是学习路上前行的两条腿，缺一不可，也不可偏废。所以，在慢慢修远的求学路上，我们应该两腿并用，这样，走起路来才会既快且稳。

放任懒惰是成功的天敌

没有人打败你，人都是自己打败自己的。有人说，能战胜别人的人是英雄，能战胜自己的人是圣人，看来是英雄好当圣人难做。应该说，事业不成功的人，往往不是被别人打败的，而是败在自己的手里。有好多人对自己的懒惰就无可奈何，最终战胜不了自己的懒惰，最后只得放弃自己心爱的事业。

一个民族惰性十足，整个民族也就无可救药了；一个人如果惰性十足，那么这个人也就完蛋了。因为，劳动创造了人类，劳动创造世界，劳动净化了灵魂。如果一个人厌恶劳动，惧怕艰苦，大脑得不到进化，又不能创造物质来供自己享用，就更谈不上事业成功了。

懒惰可以毁灭一个民族，当然要毁灭一个人更是轻而易举的事了。人们一旦背上懒惰的包袱，就会成为一个精神沮丧、无所事事、浑浑噩噩的人。那些生性懒惰的人不可能成为事业成功者，他们纯粹是社会财富的消费者而不是社会财富的创造者。

在现实生活中，那些事业成功者，你不要只看到他们成功之后的光荣和辉煌，看到他们受到人们的无比尊重，看到他们生活的是那么惬意潇洒，幸福快乐。他们的成功没有一个人不是用辛勤劳动换来的，没有一个人不是用辛勤的汗水换来的。翻开他们的字典，你会看到没有"懒惰"这个词，只有"勤劳"两个字。

而那些懒惰成性、游手好闲、不肯吃苦的人，他们不是不想成功，不是不想发财致富，只是他们害怕或者不愿意付出劳动，更不要说付出辛苦的劳动了，他们是真正的懦夫。无论多么美好的东西，人们只有付出相应的劳动和汗水，才能懂得这美好的东西是多么来之不易，才能从这种拥有中享受到快乐和幸福。

养成自制的好习惯

任何一个成功者都有着非凡的自制力。自制力的构成是一个矛盾体，矛盾的一方是感情，另一方是理智。如果任凭感情支配自己的行动，那便使自己成了感情的奴隶，这正是缺乏自制力的表现。人应该有让理智战胜感情，控制自己命运的能力。在理智与情感的交锋中，自制力能够帮助你的理智取得胜利。理智的胜利，是人性的胜利，是一个人能够战胜自我、走向成功的不可或缺的素质！

鲁迅先生小的时候，有一次上课迟到了，当时老师并没有怪他，可是他自己很自责，他就在他的课桌上刻了一个"早"字，来时刻提醒自己，从此以后鲁迅先生就真的再也没有迟到过。

法拉第性格倔强、脾气古怪甚至有点暴躁，但他靠惊人的自制力，让自己表现得总是温文尔雅。在这个世界上，诱惑无处不在，欲望随时会产生。但是法拉第把全部的精力都投入到科学事业中，坚决抵制一切诱惑而专心沿着纯科学之路探寻、求索。正如廷德尔先生所说："纵观他的一生，这位铁匠的儿子、装订工的学徒不得不在 15 万英镑的巨额财产和他所热爱的科学事业之间决定取舍。他义无反顾地选择了后者，死时他一贫如洗。但是，他的名字在 40 年里一直光荣地名列英国科学名人录的榜首。"

三国时期，蜀相诸葛亮亲自率领蜀国大军北伐曹魏，魏国大将司马懿采取了闭城休战、不予理睬的态度对付诸葛亮。他认为，蜀军远道来袭，后援补给必定不足，只要拖延时日，消耗蜀军的实力，一定能抓住良机，战胜敌人。

　　诸葛亮深知司马懿沉默战术的利害，几次派兵到城下骂阵，企图激怒魏兵，引诱司马懿出城决战，但司马懿一直按兵不动。诸葛亮于是用激将法，派人给司马懿送去女人衣裳，并修书一封说："仲达（司马懿）不敢出战，跟妇女有什么两样？你若是个知耻的男儿，就出来和蜀军交战，若不然，你就穿上这件女人的衣服。"

　　"士可杀不可辱。"这封充满侮辱轻视的信，虽然激怒了司马懿，但并没使老谋深算的司马懿改变主意，他强压怒火稳住军心，甚至他真的穿上了诸葛亮送来的衣裳，高高兴兴地耐心等待。

　　相持了数月，诸葛亮不幸病逝军中，蜀军群龙无首，兼补给不足，只能悄悄退兵，司马懿不战而胜。

　　抑制不住情绪的人，往往伤人又伤己。如果司马懿不能忍耐一时之气，出城应战，那么或许历史将会重写。

　　现代社会，人们面临的诱惑越来越多，如果缺乏自制力，那么就会被诱惑牵着鼻子走，偏离成功的轨道。

第九章　用高尚的品格增加人生厚度

　　高尚的品格，可以算是人生厚度的基础。它是一个人最宝贵的财产，它构成了人的地位和身份本身，它是一个人在信誉方面的全部财产。它比财富更具威力，它使所有的荣誉都毫无偏见地得到保障。它时时可以对周围的人产生影响，因为它是一个人被证实了的信誉、正直和言行一致的结果，而一个人的品格比其他任何东西都更显著地影响别人对他的信任和尊敬。

正直的力量

正直的品行会给一个人带来许多好处：友谊、信任、钦佩和尊重。人类之所以充满希望，其原因之一就在于人们似乎对正直的品行更具有一种近于本能的识别能力，而且不可抗拒地被它所吸引。

无论你在任何时候、任何情况下，和什么人在一起，都要忠于自己、言行一致、坚守自己的信仰及价值观，这便是正直的表现。

如果你不正直，最终将失去一切。因为，别人无法相信你，不愿和你一起工作，或跟你进行交易。如果没有人愿意和你共事，你的事业将会失败，无论任何一种事业的结果都将一样。

一位推销员讲道：大学毕业后，我曾经在一家销售牛乳代替品的乳液饮料公司工作，我是一名经销商，业绩达到全公司最高点，并拥有两个销售站，但是由于公司内部分领导人员缺乏正直及踏实的精神，导致整个公司瓦解。

任何一位进入销售业的人都知道，基本上，金钱是一切的出发点。人们进入公司工作是为了要赚钱，这并没有什么不好，相反地，对那些不这么盘算的人反而使我感到不安，因为在我们的周围，没有任何一件事情不需要花钱。

当然，家人、友情及人际关系则是建立在一些比金钱更重要的事情上。但是在商言商，只要我们进入商业圈，不管是职员、顾问、老板、合伙人或消费者都和金钱脱离不了关系。

专注于你是谁而不是你做了什么，因为你是谁正是你的价值所在。

你到底是什么样的人？你重视什么？你怎么过生活？你和其他人有什么关系？你有什么特质？这些才是唯一重要的事情。因为，你是什么样的人将决定你做什么样的事。

一个正直的人会在适当的时机做该做的事，即使没有人看到或知道。亚伯拉罕·林肯说得好："正直并不是为了做该做的事而有的态度，正直是使人快速成功的有效方法。"

正直、诚实、一贯性、坚持、负责——这些都是使一个人成功的特质。而我认为这些也是我们人生中最值得追求的目标。

你觉得自己是这样一个人吗？我认为，"做一个正直的人"应该是每个年轻人首先要实现的目标。

正直就是力量，在一种更高的意义上说，这句话比知识就是力量更为准确。没有灵魂的精神，没有行为的才智，没有善良的聪明，虽说也会产生影响，但是它们都只会产生坏的影响。

正直人品表现为襟怀坦荡，秉公持正，坚持原则，刚正不阿。正直的反面则是伪善狡诈。正直的人，对人对事公道正派，言行一致，表里一致。虚伪狡诈的人伪善圆滑，曲意逢迎，背信弃义，拿原则做交易。正直和真诚是互相紧密联系的，只有真诚才能正直，反之亦然。观察一个人，可以把这两个方面联系起来，看他是真诚直爽，还是虚伪圆滑；是光明正大，还是阴险诡诈。这是区别人品的重要标准。

正直的品质并不是与每个人的人生厚度息息相关。具有正直品质的人，一旦和坚定的目标融为一体，那么他的力量就可惊天动地，势不可挡。

高标准要求自己

有一位英国护士刚从学校毕业，在一家医院做实习生，实习期为一个月。在这一个月内，如果能让院方满意，她就可以正式获得这份工作，否则，就得离开。

一天，交通部门送来一位因遭遇车祸而生命垂危的人，实习护士被安排做外科手术专家——该院院长亨利教授的助手。复杂艰苦的手术从清晨进行到黄昏，眼看患者的伤口即将缝合，这位实习护士突然严肃地盯着院长说："亨利教授，我们用的是十二块纱布，可是你只取出了十一块。"

"我已经全部取出来了，一切顺利，立即缝合。"院长头也不抬，不屑一顾地回答。"不，不行。"这位实习护士高声抗议道："我记得清清楚楚，手术中我们用了十二块纱布。"院长没有理睬她，命令道："听我的，准备缝合。"

这位实习护士毫不示弱，她几乎大声叫起来："你是医生，你不能这样做。"直到这时，院长冷漠的脸上才露出欣慰的笑容。他举起左手里握着的第十二块纱布，向所有的人宣布："她是我最合格的助手。"这位实习护士理所当然地获得了这份工作。

西象真是聪明而又用心良苦，他之所以不讲自己的经历而说那位实习护士，是因为他明白，在寻找工作方面，仅有敏锐的头脑是不够的，更重要的是还要有正直的品性。小到一个单位，大到一个国家，它们真正需要的往往是后者。

所以，正直的品性总是为真正的睿智者和成功者所推崇。正直是什么？

在英语中"正直"一词的基本义指的是完整。在数学中，整数的概念表示一个数字不能被分开。同样，一个正直的人也不会把自己分成两半，他不会心口不一，想一套，说一套——因为实际上他不可能撒谎；他也不会表里不一，说一套，干一套——这样他才不会违背自己的原则。正是由于没有内心的矛盾，才给了一个人额外的精力和清晰的头脑，使他必然地获得成功。

正直意味着高标准地要求自己。许多年前，一位作家在一次倒霉的投资中，损失了一大笔财产，趋于破产。他打算用他所赚取的每一分钱来还债。三年后，他仍在为此目标而不懈地努力。为了帮助他，一家报纸组织了一次募捐，许多人都慷慨解囊。这的确是个诱惑，因为有了这笔捐款，就意味着结束了折磨人的负债生涯。然而，作家却拒绝了。几个月之后，随着他一本轰动一时的新书问世，他偿还了所有剩余的债务。这位作家就是美国著名短篇小说家马克·吐温。

正直还意味着有高度的名誉感。名誉不是声誉，伟大的弗兰克·赖特曾经对美国建筑学院的师生们说："这种名誉感指的是什么呢？那好，什么是一块砖头的名誉感呢？那就是一块实实在在的砖头；什么是一块板材的名誉呢？那就是一块地地道道的板材；什么是人的名誉呢？这就是要做一个真正的人。"弗兰克·赖特恰恰如此，他不愧为一个忠实于自己做人标准的人。

正直意味着具有道德感并且遵从自己的良知。马丁·路德在他被判死刑的城市里面对着他的敌人说："做任何违背良知的事，既谈不上安全稳妥，也就更谈不上明智。我坚持自己的立场，上帝会帮助我，我不能做其他的选择。"

正直意味着有勇气坚持自己的信念，这一点包括有能力去坚持你认为是正确的东西。正直意味着自觉自愿地服从，从某种意义上说，这是正直的核心，没有谁能迫使你按高标准要求自己，也没有谁能勉强你服从自己的良知。

第二次世界大战期间，一位美国陆军上校和他的吉普车司机拐错了弯，迎面遇上了一个德军的武装小分队。两个人跳出车外，都隐蔽起来。司机躲在路边的灌木丛里，而上校则藏在路下的水沟中。德国人首先发现了司机并向他的方向开火。上校本来是不容易被发现的，然而，他却宁愿跳出来还击——用一支手枪对付几辆坦克和机关枪。他被杀害了，那个司机被捕入狱。后来，他对人们讲述了这个故事。为什么这位上校要这样做呢？因为他的责任心要强于他对自己安全的关心，尽管没有任何人勉强他。

正直使人具备冒险的勇气和力量，正直的人欢迎生活的挑战，绝不会苟且偷安，畏缩不前。一个正直的人是有把握相信自己的人，因为他没有理由不信任自己。

正直经常表现为坚持不懈、一心一意地追求自己的目标，拒绝放弃努力的坚忍不拔的精神。"我们决不屈从！决不，决不，决不，决不。无论事物的大小巨细，永远不要屈从，唯有屈从于对荣誉和良知的信念。"丘吉尔是这样说，也是这样做的。

伟大人物似乎都有一种内在的平静，使他们能够经受住挫折甚至是不公平的待遇。

怎样才能做一个正直的人呢？第一步就是要锻炼自己在小事上做到完全诚实。当不便于讲真话的时候，也不要编造小小的谎言，不要去重复那些不真实的流言蜚语，不要把个人的电话费用记到办公室的账上等等。

这些事听起来可能是微不足道的，但是当你真正在寻求正直并且开始发现它的时候，它本身所具有的力量就会令你折服，使你在所不辞。最终，你会明白，几乎任何一件有价值的事，都包含有它自身的不容违背的正直内涵。

这就是万无一失的成功的秘方吗？

——是的。它之所以是百灵百验的，正是因为它与人的欲望、金钱、权力以及任何世俗的衡量标准毫不相干，如果你追求它并且拥有了它，你一定是一个有厚度的人。

发自内心的真诚

　　我们要真诚地做人处事，思想、品格、言行都要真诚，都要发自内心、自然而然地表现出来。不加修饰，由内而外散发的美，才是最吸引人的、光彩夺目的美。而真诚的反面是虚伪，自欺欺人。靠戴假面具过日子，虚伪矫饰的人一生都在演戏，给人留下伪佞可憎的形象，自己也会因此丧失心灵的本性，忍受心理上的折磨。只有真诚坦率的人才会不失本色，才能拥有厚实的人生。

　　一个人说话诚实，做事诚实，内心真诚，就会令人信服，故真诚可以消除隔阂，化解矛盾，促进人际关系的和谐团结。古人有"精诚所至，金石为开"的格言，这是说精诚的力量可以贯穿金石，何况人心呢。至诚之心的确有巨大的精神力量。三国时，诸葛亮对孟获七擒七纵，终于使孟获心悦诚服，化解了长期积存的矛盾，便是一个有说服力的例证。

　　今天，我们仍然要实行真诚待人的原则。上级要以诚对待部属，父母要以诚对待子女，企业经营者要以诚对待顾客，每一个人都要以诚对待同事和朋友……以诚待人，才能得到友谊和真情，才能得到别人的信任和尊敬。人际交往如果离开诚实的原则，相互欺骗，尔诈我虞，那么，人世间便不会有真情之谊，更不会有团结紧密的人际关系了。

　　真诚的低层次要求是不说谎，不欺骗对方，但在复杂的社会和人生活动中，目的和手段有时是有一定的区别的。例如医生为了减轻病人的痛苦，以利于治病救人，往往向病人隐瞒病情，编造一套善意的谎话说给病人，这样才能使病人早日康复。它表现出的并不是虚伪，而是更高、更深层的真诚。

一般地说，交际需要真诚。日本山一证券公司的创始人，大企业家小池田子曾说："做人就像做生意一样，第一要诀就是诚实。诚实就像树木的根，如果没有根，树木就别想有生命了。"这段话可以说概括了小池成功的经验。

小池出身贫寒，20 岁时就替一家机器公司当推销员。有一个时期，他推销机器非常顺利，半个月内就跟 33 位顾客做成了生意。之后，他发现他们卖的机器比别的公司生产的同样性能的机器昂贵。他想，同他订约的客户如果知道了，一定会对他的信用产生怀疑。于是深感不安的小池立即带着合同和订金，整整花了三天的时间，逐门逐户去找客户。然后老老实实向客户说明，他所卖的机器比别家的机器昂贵，为此请他们放弃合同。

这种诚实的做法使每个订户都深受感动。结果，33 人中没有一个与小池毁约，反而加深了对小池的信赖和敬佩。

诚实确实具有惊人的魔力，它像磁石一般具有强大的吸引力。其后，人们就像小铁片被磁石吸引似的，纷纷前来他的店购买东西或向他订购机器，这样没多久，小池就成了一个小有名气的老板。

真诚是人生的

　　每一个成功者的背后都有一个良好的人际关系圈，他们不管遇到什么困难，都有人相助，因此也就容易成功。所以人际关系对每个人真的很重要，它的好坏直接影响每个人的工作和事业，如果谁缺乏别的帮助，就不可能达到成功的目的。

　　要想自己有良好的人际关系，就必须要真心诚意地关心别人。心理学家研究表明一个人只要真心对别人感兴趣，两个月内就能比一个要别人对他感兴趣的，在两年内所交的朋友还要多。真诚就是这样成为人们最可贵的精神品质。

　　你如果真诚地对待自己的朋友、同事或陌生人，他们同样也会以真诚来回报你，这样不仅改善了自己的人际关系，而且也树立了自己的公众形象，从而有利于自己的成功。

　　你也许读过几十本有关人际交往的书，恐怕还没有找到对你来说更有意义的方法。但阿德勒的这句话很深刻，相信对你会有启发："对别人不真诚的人不仅一生中困难最多，对别人的伤害也最大，人类所有的失败几乎都出自这种人。"

　　如果你要交朋友，就要挺身而出为别人效力，并且是真心真意的这样，路才会越走越宽。所以，良好的人际关系在你做事的过程中会起到重要的作用。

　　我们主张知人而交，对不很了解的人应有所戒备；对已经基本了解、可以信赖的朋友，应该多一点信任，少一些猜疑；多一点真诚，少一些戒备。你完全没必要对你的那些完全值得信赖的同学真真假假，闪烁其词，含糊不清，因为这种行为实在是不明智的行为。

我国著名的翻译家傅雷先生说："一个人只要真诚，总能打动人的，即使人家一时不了解，日后便会了解的。"他还说："我一生做事，总是第一坦白，第二坦白，第三还是坦白。绕圈子，躲躲闪闪，反易叫人疑心；你耍手段，倒不如光明正大，实话实说，只要态度诚恳、谦卑、恭敬，无论如何人家都不会对你怎么的。"

以诚待人是值得信赖的人们之间的心灵之桥，通过这座桥，人们打开了心灵的大门，并肩携手，合作共事。自己真诚实在，肯露真心，敞开心扉给人看，对方肯定会感到你信任他，从而卸除猜疑、戒备，把你作为知心朋友，乐意向你诉说一切。其实，每个人的思想深处都有封锁的一面和开放的一面，人们往往希望获得他人的理解和信任。然而，开放是定向的，即向自己信得过的人开放。以诚待人，能够获得人们的信任，发现一个开放的心灵，争取到一位用全部身心帮助自己的朋友。在人们发展人际关系与他人打交道的过程中，如果防备猜疑被诚信取代，就往往能获得出乎意料的好成绩。

真诚待人时，应该注意以下三点：

首先，以诚待人要坦荡无私、光明正大。一旦发现对方有缺点和错误，特别是对他的事业关系密切的缺点和错误，要及时地指正，督促他立即改正。批评确实不大讨人喜欢，但不妨换个角度去使他理解接受，从而沟通彼此心灵，发展友情。

其次，应当知人而交。当你捧出赤诚之心时，先看看站在面前的是何许人也，不应该对不可信赖的人敞开心扉。否则，适得其反。

最后，要想得到知己的朋友，首先得敞开自己的心怀。只有讲真话、实话、不遮掩、不吞吐，才会换的朋友的赤诚和爱戴。

人无诚信而不立

一个不诚信的人，"讲话无人信，喝酒无人敬"，在这个人与人互动互助更加密切的今天，要想获得事业、爱情、友谊的成功是很困难的。

诚信是做人原则中最根本的一条。一个人如果时时、处处、事事讲信用，那么他的事业将一定会走向成功，人生将会亮丽多姿。

诚信乃做人之本，这是多少成功人士恪守的人生准则。人生向上的基础是诚、敬、信、行。诚是构成我们中国人文精神的特质，也是中国伦理哲学的标志。诚是率真心、真情感，诚是择善固执，诚是用理智抉择真理、以达到不疑之地。不疑才能断惑，所谓"不诚无物"就是这个道理。而"信"则是指智信，不是迷信、轻信，这种信依赖智慧的抉择到达不疑，并且坚定地践行。

有人认为，成功与否主要取决于能否做一个问心无愧的好人；能否保持诚、敬、信。诚实是坦诚相见，问心无愧。

美国华盛顿州塔科马市10岁的小学生汉森，有一天与小朋友在家门口前的空地上玩棒球，一不小心将球掷到邻居基尔的汽车上，把汽车的车门玻璃打坏了。

小朋友们见闯了祸，个个逃回家去。唯有汉森呆呆地站了一会儿，他决定登门承认错误。刚搬来居住的基尔先生原谅了汉森，但仍将此事告知了汉森的父母。当晚，汉森向父亲表示，他愿意用替人送报纸储蓄起来的钱，赔偿基尔先生的损失。

第二天，汉森在父亲的陪同下，再度登门拜访基尔先生，说明来意。岂料基尔笑道："好吧，你如此诚实，又愿意承担责任，我不但不要你赔偿，还要将这辆汽车送给你作为奖励，反正这辆汽车也是打算闲置的"。

由于汉森的年纪还小，不能开车，汽车暂由其父代为保管。不过汉森已找人修理好车窗，经常给车子洗尘打蜡，就像对待宝贝一样。他倚着那辆1978年出厂的福特"野马"名车说："我恨不得快快长大，好驾驶这辆车。我至今仍然不敢相信它是我的"。他还说："经过这次事件，我更懂得诚实是可贵的。我以后都会诚实待人"。

孔子讲"民无信不立"，孟子说"言而有信，人无信而不交"。信用是一种承诺，一种保证，一种真诚；信用就是一诺千金，做人最根本的一条便是讲诚信。诚信，就是要说真话，道实情，守信用，讲信任，说话算话。

在我们中华民族博大精深的文化底蕴中，诚信二字的分量可谓沉甸甸的。因为讲诚信，刘备实现了自己的目标，"我得军师，如鱼之得水也"。他充分信任、重用诸葛亮，最终成就了一番事业。同样因为讲诚信，诸葛亮知恩图报，辅助后主，力保蜀汉政权，鞠躬尽瘁，死而后已。还是因为讲诚信，关羽铭记"桃园结义"的誓言，"身在曹营心在汉"，"千里走单骑"，历尽千辛万苦也要回到刘备身边。人们崇拜诸葛亮，敬仰关羽，就是崇拜、敬仰他们这种诚信的可贵品质。

不管在哪个时代，人都不能离群索居。人和人之间要有顺畅的交流、沟通，彼此寻求寄托与抚慰，这是对个体存在的认证，更是对生存状态的肯定。而彼此认同的产生其实就是一个彼此信任、互相接纳、多元包容的过程。作为社会的最小个体存在，我们不能要求别人重守承诺，但我们自己却能做到真诚守信，信任他人。

中华民族乃礼仪之邦，向来都是重信守诺，是讲"信用"的民族。在传统社会里，我们的伦理道德观念中"信用"的核心是强调对事业的忠诚，对朋友的信义、对爱人的忠贞以及做事诚实等等。在市场经济条件下，信用指的是一个人资信记录，是指一个人的负责任的能力，不只是简单的道德人品问题。信用是一个人内在气质的综合反映，是衡量一个人综合素质的重要指标，是一个人发展的必备品德。

诚信是一种情感的表达。无论是夫妻、朋友还是同事甚至是陌生人，良好的沟通与交流讲求的都是真情流露，这是建立在真诚表达、无欲无求的基础之上的。现在，社会越来越开放，人际交往越来越频繁，要获得别人的情感认同，不断取得信任，就应该"己所不欲，勿施于人"，"己欲立而立人"，从小事做起，友善待人。要知道，不管时代怎么变，为人处世的基本准则都不会变，也不能变。

20 世纪著名的心理学家马斯洛在研究大量著名人物经历的基础上，总结出有成就者的健康个性特征，其中第一点就是能与现实建立比较愉快的关系，厌恶虚假的东西和人际关系中不真实的行为；自发、淳朴、天真，率性而发，自然流露。马斯洛还总结出一个人要走向成功或走向健康个性有八条途径，其中两条是与诚实相关，如当有怀疑时，要诚实地说出来而不要隐瞒，在许多问题上反躬自问都意味着承担责任。因此，真诚是成功者的必备素质，诚实是一个人成功的潜在力量，它将使你与众多的人建立密切和谐的关系，为生活大厦建立坚实的基础。

信任和真诚是事物的两面。所谓"信，诚也"，指的就是心口合一。一个人必须先做一个真诚和守信用的人，然后才能获得他人的真诚和信任。中国历来有"一诺千金""言必信，行必果"

的说法，指的就是做人要重诺言、守信用。诺言之所以能成为力量，前提是因为守信用。社会秩序是建立在人与人之间能遵守约定的基础上，种种约定或约束，都是为了生活更有秩序、更加圆满。能否实践诺言，是衡量人类精神是否高尚的准则，一切的道义、道德都表现在守约上。如果守约的精神日渐衰微，那么，社会各个层面的每个人都将蒙受其害。

一个守信用的人，他的自我是纯真的、稳定的、健康的，体现出一种理想的道德力量和意志力量，为他人所信赖。率真是真诚的另外一种重要的品质，它指的是一个人能如实地展现自己，不自欺欺人，这是建立在真实基础上的自尊自重。莎士比亚在《哈姆雷特》中说："对自己要诚实，才不会对任何人欺诈。"因而，真诚和守信用是一个人自尊自重的表现。

一位记者说："一个人真诚、信任与否，涉及他是否有自尊自重的素质。我想，诚信的人必然能够得到他人诚信的回报。在与他人的交往中，我们先要以诚待人、相信他人，这应当是交友处世的第一原则。至于他人会对我们怎样，那是另外一回事。在实际的交往中，自然能够积累经验，用不着过于担心被蒙骗。"

另一位记者说："的确如此，这就好像使用'信用卡'一样，你必须先存入资本，才有资格和条件使用它，受惠于它。如果一个人只想使用和受惠，不想存入资本，那是不可想象的。"

一位教授说："对人必须讲真诚和信任，我赞同这种做人的第一原则，但在实际的操作中，还是要讲灵活性的，'道不同则不相与谋'，真诚和信任的付出还是凭经验和智慧来得实在，以免真诚信任遭受虚伪欺诈的亵渎。在与陌生人的交往中，套用一句谚语说就是'既要相信真主，又要绑好自己的骆驼。'"

　　诚信的基础是信用。诚信就像是一辆直通车，选择的是沟通心灵距离的最佳路径，唤起的是一种大家发自肺腑的参与感、认同感和荣誉感。

做人要有担当

韦恩博士说："把责任往别人身上摊，等于将自己的力量拱手让给他人。"我们必须学会承担起你行动的责任。

没有责任的生活就轻松吗？有时候逃避责任的代价可能还更高。不必背负责任的生活看起来似乎很轻松、很舒服，但是他们必须为此付出更大的代价。因为我们会成为别人手上的球，必须依照别人为我们写的剧本去生活。

勇于承担责任，别人就会为你的态度所打动，对你产生信任。由于信任就会产生依靠，你在生活中就会一呼百应，无往不胜。信用越好，人缘就越好，机会就越多，就愈能打开成功的局面。虽然在做事的过程之中，每个人都会犯错误，但是一定要能自己主动承认错误，不推卸责任，这样才能赢得别人的尊重。

俗话说：一人做事一人当。不管你的言行为你带来了怎样灾难性的结果，你都要直面承担。一个负责任的人，给他人的感觉是值得信赖与依靠。而对于一个说话办事不负责任的人，没有人愿意走近他，支持他，帮助他。

事实上，不仅年轻人，包括许多中老年人仍有一种幼稚的心态。总是不停地发牢骚，却很少反问自己，自己身上找原因。先别问社会给你了多少，先问问你自己为社会做了多少贡献。那些不从自身找问题，却终日抱怨的人，只不过是一些高龄儿童在撒娇而已。

比如，大多数人对于自己的财务状况总是漫不经心。但是也难怪，因为他们没有学习的渠道啊！在财务方面，父母亲不是个好模范，学校里老师也没有教他们"如何创造财富"的课程，而社会只会刺激他们多多消费，于是到处都是超前消费的现象。

　　你周围的一部分人也算不上是好榜样，抱怨没有钱好像变成了一种流行的趋势，每个人都爱说："钱所剩无几，但日子还长得很呢！"因此对许多人来说，"金钱"是个无聊且令人头痛的话题，还说"有钱的人不谈钱""金钱不是万能的。"但是如果你对金钱漫不经心，等到身陷财务窘境时，钱就会变得太重要。也就是说：你必须避免让金钱在生活中扮演一个过高的地位，所以你必须负起责任。

　　如果你认为金钱可以解决所有的问题，那你就太单纯了。但如果你认为利用金钱，交不到有趣的朋友、无法到处旅游、不能进行其他工作，那么你的天真可不亚于前者。

　　我们可以利用财富做什么，答案在未来自然会揭晓。我们能为财富做什么，也会在未来一一显现。我们应该像设计师一样，设计我们的未来，现在就先拟出一个梦想生活的模型。这一点古巴比伦人最在行，他们的先知曾说："我们的智慧随着生活出现，取悦我们，帮助我们。然而同样的，我们的无知也随着生活出现，让我们痛苦，让我们受难。"

　　你将会看到，财富，不论它是有形的还是无形的，实在比大多数人想象中的还要美好。累积财富也比大多数人想象的简单多了。但你必须担负责任，并努力不懈。贫穷总是不请自来；当你拒绝负责任时，它自然会产生。想要致富，你必须做些最基本的功课。万事从"头"开始，未来几年你能拥有多少财富，包括精神上的财富，是你自己必须负责的，而不是别人。

　　有些事情是你影响不了的，却可以决定对这些事情的看法和反应，如此一来，你还是拥有了力量。"责任"意味着没有任何事物可以改变你的想法和完整性，因为你是以你的身份回应所有事物的。你可以决定你的生活方式，这种想法让你生活满足，并成为最好的你。如果你能负起责任，未来几年你一定能够成为一个举足轻重的人物。

把责任往别人身上推，不正是赤裸裸的劣根性吗？问题是你把责任往别人身上推的同时，等于将自己的人格推掉了。我们就是那么轻易地把责任推给别人，然后又若无其事地站在一旁抱怨都是公司的错，害我不能发挥所长，都是同事的错，或我的健康情形害我不能怎样等——请问，我们希望让公司、同事和我们的健康来操控我们吗？要记住，只有勇于承认错误的人才能拥有魅力。基于这个原因，为什么不能很乐意地扛起这个错，如果你喜欢掌握自己的生活的话。

如果我们过去曾犯过错，现在该怎么办呢？责任的归属又如何？过去发生的事，其影响力有时会延续到今后。比如，一个男人离了婚必须付赡养费，也有人毁了自己的健康，日后在饮食上的禁忌一大堆，或有人犯了罪，最终难逃牢狱之灾。

很明显的：我们自己决定我们的行为，也必然招来这些行为所带来的后果。跷跷板原理正说明这种连锁反应。这个认知告诉我们，我们应该以更负责的态度去生活。

那么究竟该如何看待已经发生的事情？我们必须承认，实在无法控制错误所带来的后果。但这绝对不表示我们可以把责任推给过去。我们必须对自己对后果的看法与反应负责，认清我们对于错误招致的后果之反应其实影响深远。问题是：我们想要赢回掌控下一次事件的力量吗？还是让我们的错误和后果拥有操控下一次的力量？当我们负起责任的那一刻，所有的负面情绪都将消失。

让我们对比一下成功的人和失败的人，我们就会发现成功的人都是勇于承担责任的人，失败的人都是害怕承担责任的人。失败的人会为自己的失败寻找各种各样的借口，而成功的人在面临失败和错误以后，能够及时地寻找出问题的症结所在，并努力克服和改正。或许可以这样说："只有勇于承担责任的人，才是主宰自我生命的设计师，才是命运的主人，才能获得生命的自由。"

第十章　低调做人，高调做事

　　低调做人是做人的最佳姿态，为人们所悦纳、所赞赏、所钦佩，这正是人能立世的根基。根基既固，才有枝繁叶茂，硕果累累；倘若根基浅薄，便难免枝衰叶弱，不禁风雨。低调做人，不仅可以保护自己、融入人群，与人们和谐相处，也可以让人暗蓄力量、悄然潜行，在不显山不露水中成就事业。

　　高调做事，指的是当一个人设定了目标时，便要坚决地去执行。该出手时要出手，行事果敢、决断，而不必拘泥于他人的议论与看法。

做人应该谦谨低调

　　谦虚谨慎是做人的美德。一个成熟的人，有成就的人，在遇事时往往低头忍让，而非自高自大。

　　被称为美国人国父的富兰克林，一生功绩卓绝，这与他的一次拜访不无关系。

　　一次，富兰克林到一位前辈家拜访。一进门，他的头就狠狠地撞在了门框上，疼得他一边不住地用手揉搓，一边看着比正常标准低矮的门。出来迎接他的前辈看到他这副样子，笑笑说："很痛吧？可是，这将是你今天来访问我的最大收获。一个人要想平安无事地活在世上，就必须时时刻刻记住'低头'。这也是我要教你的事情，不要忘记了"

　　富兰克林把这次拜访看成最大的收获，牢牢忘记住了前辈的教导，并把它列入他一生的生活准则之中。

　　有句民谚说的好："低头的是稻穗，昂首的是稗子"。这则民间谚语很有哲理，越是成熟饱满的稻穗，头就垂得越低，只有那些稗子，才会显摆招摇，始终把头高高地昂起。有的人很善于发火，动不动就会无端向别人大发一顿脾气，其实在这个世界上不止他一个人存在一肚子肝火，有的人所以不发作，是因为他的智慧足以熄灭怒火。只有那些无知和浅薄的人，才认为他最有权利可以无缘无故地向任何人大发脾气。

　　有知识、有修养的人，像饱满的稻穗，永远谦逊的保持着低垂的姿态，只有那些浅薄和无知的人，才像稗谷一样高昂着头。其实这样的人就像墙上的芦苇，头重脚轻，像山间的竹笋，嘴尖皮厚。

　　一次在意大利举行世界文学年会，美国著名女作家玛格丽特·米切尔也应邀出席了会议，她正静静坐在那儿，专心地听取其他同行的演讲，一位年轻的男子来到她身边，说自己已经出版了多少本书，并问米切尔出版了多少本。米切尔说，我只出版了一本书，男青年问：什么书？米切尔回答：是《飘》。听到米切尔的回答后，男青年肃然了，因为《飘》是当时轰动世界文坛的名著。

　　记得古时候有两个很有修养的人相遇，进门时互相谦让，年轻人让年长者先走，年长者让年轻者先行，推辞不下，年轻人只好前行，并且行且说：簸之箕之，稗谷在前。那长者紧接着说：大浪淘沙，砂砾在后。古人的谦让也见一斑。

　　谦虚使人进步，骄傲使人落后，这是千年之古训。那位自我炫耀已经出版了多少本书的青年，到现在我也没有记住他的名字，而仅仅出版了一本《飘》的玛格丽特·米切尔，却让世人皆知，名垂史册。浅薄终将遭人唾弃，只有谦虚谨慎、低调做人才是真正的智者。

真正有本事的人不吹嘘

有些人为了赢得别人更多的关注、认同和推崇，或为了向他人推销和兜售自己，不惜哗众取宠，竭尽鼓吹和炫耀自己之能事，大谈当年如何春风得意，却矢口不提碰霉头、掉链子的困窘；大谈当年过五关、斩六将的豪壮，却从不提败走麦城的狼狈。

诚然，卖弄自己之能，吹嘘自己的风光之事和得意之事，能赚到一些艳羡，却也会招来一些妒忌、反感甚至厌恶。爱自我夸耀的人，是找不到真正的朋友的。因为他自视清高，鄙视一切，不大理会别人的意见。这种人只会吹牛，朋友们避之唯恐不及。这种人常自以为最有本领，觉得干什么都没有人比得上他，瞧不起别人，结果使自己成为孤立者。

小乌贼长大了，乌贼妈妈开始教它怎样喷"墨汁"来保护自己。

乌贼妈妈说："每只乌贼都有自己的墨囊，在遇到敌人时，可以喷发墨汁来掩护我们逃跑。"小乌贼在妈妈的指导下，果然能喷出又黑又浓的墨汁了。

自从小乌贼学会了喷墨汁的本领，就总是向它的伙伴小海蛾、小海参、小虾鱼炫耀自己。小海参说："小乌贼，喷墨汁确实是你的本领，但也不应该总是拿出来炫耀啊！你应该学一些新的本领。"小乌贼听了很不服气地说："真讨厌，用得着你来教训我。"然后它发怒了，喷出一股浓浓的墨汁，它的小伙伴们吓得东躲西藏，还把附近的海面弄得乌烟瘴气的，自己也搞不清方向了。这个时候，一条大鱼向它扑了过来，小乌贼急忙喷墨汁，但是它的墨囊里已经没有墨汁了，看着大鱼越来越近，小乌贼慌了。就在这关键时刻，小海参冲了过来喊道："小乌贼，快闪开。"就在大鱼马上要吃掉小海参的时候，小海参丢出来一串肠子。

大鱼离开后，小乌贼羞愧地说："小海参，原来你也有保护自己的方法啊！"小海参说："抛给敌人肠子是我们保护自己的本能，没什么好炫耀的，好多生物的本领都比我们强很多。"小乌贼听后惭愧地低下了头。

真正有本事的人很少向别人炫耀自己。《智慧书》说：不要对每个人都显露同样的才智；事情需要多大的努力就只付出多大的努力。不要徒费你的知识和才德。优秀的养鹰者只养自己用得上的鹰。不要天天露才显能，否则要不了多久，人们再也不觉得你有什么稀奇处。所以你总是要留有一些绝招。假如你能经常崭露那么一点点新鲜的才华，则人们就总是会对你抱有期望，因为他们弄不清你的才华究竟有多么的深广。

有一个大学毕业生，头脑灵活、思路敏捷，看起来确实很聪明，也很能干。一次，他去一家大宾馆应聘。主持面试的客户部经理，在同小伙子谈完一般情况后，便问道："我们经常接待外宾，是需要外语的，你学过哪门儿外语，水平如何？""我学过英语，在学校总是名列前茅，有时我提出的问题，英语老师都支支吾吾地答不上来！"他不无自豪地说。经理笑了一下又问："做一个合格的招待员，还要有多方面的知识和能力，你……"经理的话还没说完，他便抢着说：

"我想是不成问题的，我在校各门学习成绩都不错，我的接受能力和反应能力都很快，做招待员工作绝不会比别人差。""那么说，就你的学识来说，当一名招待员是绰绰有余了？""我想，是这样。""好吧，就谈到这里，你回去等消息吧。"大学生沾沾自喜地回去等消息了，可等到的消息却是不录用。小伙子本来想自夸一番，以便获得经理的信赖，没想到结果是抬高自己，反而给别人留下坏印象，失去了别人的信任。一个人若真正具有某种本领或才智，是会得到别人的公正赞许的，这赞美的话只有出自别人之口，才具有真正的价值。

滥用夸张的词语是不明智的，这种词语既背真理，又使人对你的判断心存疑虑。说话夸大其词，等于是把赞美的词儿到处乱扔，这暴露出你知识欠缺、品位不高。赞扬招来好奇心，好奇心产生欲望，等后来人们发现你言过其实时，常常会因此感到他们原来的期待心受了愚弄，于是生出报复心理，将赞美者和被赞美者一股脑儿踏倒。所以，谨慎的人知道节制，与其言过其实，不如言之未足。真正的卓越非凡十分罕见，所以你不宜滥下褒词。言过其实等于是一种说谎，可能会毁坏别人原本以为你品位高雅的印象，或者甚而至于毁坏你智慧过人的名声。

聪明的强者都会示弱

在一辆拥挤的公交车上，一个彪形大汉因为有人踩了他的脚而怒气冲天，他站起身，晃动着拳头，正要砸向哪个踩他脚的人。那人突然来了一句：别打我的头啊，我刚动了手术出院。大汉听了这话，顿时如断了电的机器人一样，高举的手定格在半空中，然后如泄气的皮球倒在自己的座位上。过了一会儿，大汉居然起身，要把自己的位子让给那个踩了他的脚的人。

这一幕极具戏剧性的场景，是编者亲眼所见。它令我想到了人与人之间的许多纠纷，不光只是靠讲道理或比实力来解决的。有时候，主动示弱也是一种极其有效的化解方式。人都有一种争当强者的心态，而要当强者至少有两条途径：与人角力斗争获胜，可以满足自己的强者心态；而对于弱者的迁就与照顾，实际上也满足自己的强者心态。

人人都喜欢当强者，但强中更有强中手。一味地好强，自有强人来磨你。木秀于林，风必摧之；堆出于岸，流必湍之；行高于人，众必非之。热衷于逞强的人终究是成不了气候的。因此，聪明的强者都知道以弱胜强，在适当的时候示弱。在强者面前示弱，可以消除他的敌对心理。谁愿意和一个不如自己的人计较呢？当"强"与"弱"出现明显的差距时，自认为的强者若与弱者纠缠，实在是把自己的身份与地位降低。就像一个散打高手，根本就不屑于和一个文弱书生动手——除非在忍无可忍的情况之下。再举一个例子，如果一个不懂事的小孩骂了你，你会和他对骂吗？肯定不会，除非你也是一个小孩，或者你自愿成为一个只有小孩心胸的成年人。

除了在强者面前要学会示弱外，在弱者面前我们也应该学会示弱。在弱者面前示弱，可以令弱者保持心理平衡，减少对方的或多或少的嫉妒心理，拉近彼此的距离。在弱者面前如何示弱呢？

例如：地位高的人在地位低的人的面前不妨展示自己的奋斗过程，表明自己其实也是个平凡的人；成功者在别人面前多说自己失败的记录、现实的烦恼，给人以"成功不易""成功者并非万事大吉"的感觉；对眼下经济状况不如自己的人，可以适当诉说自己的苦衷，让对方感到"家家有本难念的经"；某些专业上有一技之长的人，最好宣布自己对其他领域一窍不通，袒露自己日常生活中如何闹过笑话、受过窘等；至于那些完全因客观条件或偶然机遇侥幸获得名利的人，完全可以直言不讳地承认自己是"瞎猫碰上死耗子"。

曾有一位记者去采访一位政治家，原本打算搜集一些有关他的丑闻资料，作一个负面的新闻报道。他们约在一间休息室里见面。在采访中，服务员刚将咖啡端上桌来，这位政治家就端起咖啡喝了一口，然后大声嚷道："哦！该死，好烫！"咖啡杯随之滚落在地。等服务员收拾好后，政治家又把香烟倒着放入嘴中，从过滤嘴处点火。这时记者赶忙提醒："先生，你将香烟拿倒了。"政治家听到这话之后，慌忙将香烟拿正，不料却将烟灰缸碰翻在地。

平时趾高气扬的政治家出了一连串洋相，使记者大感意外，不知不觉中，原来的那种挑战情绪消失了，甚至对对方怀有一种亲近感。

其实，整个出洋相的过程，都是政治家一手安排的。政治家都是深谙人性弱点的高手，他们知道如何消除一个人的敌意。当人们发现强大的假想敌也不过于此，同样有许多常人拥有的弱点时，对抗心理会不知不觉消弭，取而代之的是同情心理。好强并没有什么错，但过于好强会产生许多不必要的误会与纠葛，浪费自己的时间与精力不说，还有可能招来灾祸。因此，好强不必十分，八分正好，既保持了我们人生的高昂气势，又保护了自己的锐气不至于损伤。

在世态炎凉面前宠辱不惊

《幽窗小记》中的这样一副对联：宠辱不惊，看庭前花开花落；去留无意，望天空云卷云舒。这句话的意思是说，为人做事，如果能把宠辱看作花开花落一样平常，就能遇事不惊；功名利禄，如果能把得失视为云卷云舒一样变幻，就能坦然无意。无疑，这是一种大智大慧、大觉大悟的心境，有了这种心境，人就能够活得平和了。

关于宠辱不惊，有这样一则真实的故事：一位叫卢承庆的人，在唐太宗时曾任民部侍郎、兵部侍郎、尚书左丞等职。太宗知其为人中正，很信任他，特让他掌百官的考察选举之事。一次，一个运粮官员由于发生粮船沉没事故而受到处罚，卢承庆在考功时给这位官员评定"中下"等级。那位官员得知后，既没提出意见，也没任何疑惧的表情。卢承庆继而一想，"粮船沉没，不是他个人的责任，也不是他个人力量所能挽救的"，因此改评为"中中"等级。那个官员依然没有发表意见，既不说一句虚伪的感谢话，也没感动的神色。卢承庆见他这样，非常赞赏："好，宠辱不惊，难得！难得！"当即又把他的功绩改为"中上"等级。在此之前，晋代潘岳《在怀县》诗已有"宠辱易不惊"之句，《新唐书》把它缩为"宠辱不惊"，并且有了具体针对的人和事，于是就作为表示不为宠辱得失所动的一句成语而流传下来。

可以说，宠辱不惊，是一门生活艺术，更是一种处世智慧。古往今来有千千万万个事实证明，凡事有所成就者，无不具有宠辱不惊的品格。北宋著名政治家、"庆历新政"的代表人物范仲淹，谨守"先天下之忧而忧，后天下之乐而乐"的人生宗旨，被谪居邓州时能从容处之，即"心旷神怡，宠辱皆忘，把酒临风，其喜洋洋"。从范老夫子的言谈举止里，我们不难窥见一种自尊自强的人格魅力，一种淡泊名利的洒脱。

19 世纪中时，美国实业家菲尔德率领他的船员和工程师们用海底电缆把"欧美两个大陆联结起来"，因此被誉为"两个世界的统一者"，一举而成为美国最光荣、最受尊敬的英雄；但因技术故障，刚接通的电缆信号中断，顷刻之间人们的赞辞颂语骤然变成愤怒的狂涛，纷纷指责菲尔德是"骗子"。面对如此悬殊的宠辱逆差，菲尔德泰然自若，一如既往地坚持自己的事业。经过6 年努力，海底的电缆最终成功地架起了美大陆的信息桥梁。宠也自然，辱也自在，一往无前，否极泰来，菲尔德之所以为菲尔德，也就基于此。

宠辱不惊对人生大有裨益。一个宠辱不惊的人在日常生活和人际关系上，总有一份宽松闲适的心态和表现，这是文化陶冶和思想修养的体现，所谓"君子坦荡荡，小人长戚戚"。一个坦坦荡荡、人格纯洁的人，他的心是宁静安逸的，而蝇营狗苟的小人，其心境永远是风雨飘摇的。有自知之明者，就能在平平淡淡中找寻人生的支点，宽厚豁达，珍重别人，向往高山流水，喜欢四季风景。人世炎凉，人情百态，看淡看轻，乐又何妨？怒又何妨？

八分饱的人生哲学

我们大家都知道饭不宜多吃，最好是吃八分饱。其实我们在为人处事方面也应该遵循八分饱的尺度。所谓人生的八分饱，指的是为人处事行止有度，屈伸合拍。

北宋哲学家邵雍曾云：知行知止惟贤哲，能屈能伸是丈夫。行于其所当行，止于其所当止；屈于其所当屈，伸于其所当伸。对自己不放纵，不任意，对别人不挑剔，不苛求，对外物不贪婪，不沉沦。该享受则享受，当劳累使劳累，依理而行，循序而动。如果必须，做得天下，若非合理，毫末不取。

传说张果老成仙自以后，每日家在民间寻访度化。一天，他走到一个村口，看见一对年老的夫妇在摆摊卖水。于是他就走上前去，借买水的时候跟老夫妻搭话。

他问他们日子过得怎么样，老夫妻都说很贫困。

他又问有什么愿望啊，老夫妻都要是能开个酒店卖酒日子就好过了。

张果老就告诉他们说，在你们村旁的山顶上有一块形状非常像猴儿的石头。石头旁边有三个泉眼。现在三个泉眼都被灰尘堵上了。你们明天去山上把灰尘都清理出来，泉眼就会自动流出有酒味的水来。又给他们一个葫芦，说就把这个葫芦装满就可以了。

第二天天还没亮，老夫妻两个就爬上山去。找到了张果老说的那块石头，打扫净了泉眼，看见果然有水流出来。舀一点尝尝果然是酒味。老夫妻两个大喜，装了一葫芦酒回去卖了，恰好能卖一天。

他们两个就这样天天上山装酒回来卖。日子过得渐渐好起来。

不知不觉一年过去了。张果老又来到这个地方。

他问老夫妻现在日子过得怎么样啊，老夫妻说，嗯，自从听了你的话找到酒后，日子还颇过得。就是没有酒糟，不能喂猪，不然就更好了。

张果老听后，摇头叹息，念出一绝："天高不算高，人心比天高。清水当酒卖，还嫌没有糟"，飘飘然去了。

从此以后，山上的泉眼就枯涸了，再也没有水酒涌出来了。

所以说，知足者常乐，人生不如八分饱。深味八分饱人生哲学的人，他们追求美好的事物，同时也能容忍美好事物中的二分不足。

另外，在事业的追求上，我们也应该有所行止，不可过贪。要知道追求得越多，得到的可能也最多，可能也较少，但是随之而来的烦恼自然比他人多。长期必然造成身心疲惫，力不从心。我想身心疲惫总不是人们所追求的目标吧！人的一生不管你物质生活充实或贫乏，只要你身心愉悦，就是在过着幸福生活，不管你是处在什么样的地位，过着什么形式的生活，如果总是心里紊乱不安，这种生活就无异是对生命的一种煎熬。所以我们只有生活在安详的世界中，才能真正地享受生命。

得意忘形难以长久

《论语》中有一句话是"得意不忘形"，它的意思就是要告诫我们，在得志高兴的时候，不要被成功冲昏了头脑、忘乎所以。这句话是很有道理的，因为人生在世，干事不易，成事很难，只有败事是最容易的，而得意忘形往往会导致功败垂成。

话说这秦昭王随着秦国的势力增强，得意之情也是不自觉的渐长。

韩、魏联合，打算攻打秦国。

一日，在后花园闲聊，秦王对左右大臣道：你们说说，这韩、魏两国的实力，这几年是增长了？还是衰弱了？大臣们说，当然是今不如昔。

秦王又说，现在的如耳和魏齐，与当初的孟尝君及芒卯相比，哪个更有能力呢？左右说，当然是孟尝君和芒卯的能力大了。

秦王得意地哈哈一笑说，想当初，孟尝君和芒卯，率领着相对强大的韩、魏，都不能奈何我大秦。现今，无能的如耳和魏齐，带领着一些老弱病残，还能怎样？简直是笑话。

左右忙着附和：那是、那是。

昭王与臣子闲谈的时候，有一个叫中期的人，一直在一旁弹琴。这时，他把琴一推，对秦王说，大王如果这么想，那就错了。

当初，晋国六大夫当政的时候，智伯的实力最大，灭掉了范氏和中行氏，见韩、魏弱小，又顺从，便与他们联合围攻赵襄子。

这里要说明一点的是，智伯、范氏、中行氏、韩、魏、赵，是晋国的诸侯国，后来智伯、范氏、中行氏被灭，晋国一分为三，成为后来的韩、赵、魏。

当时把赵襄子围攻在晋阳，智伯掘开了晋河，水漫晋阳。

一日，智伯带着韩、魏视察水况，韩康子划桨，魏恒子掌舵。智伯站在船头，威风凛凛地说，呵呵，我才知道水可以作为利器，亡人之国呀。这样的话，汾水可以灌安邑，绛水可以灌平阳。

而这安邑与平阳正好是人家韩、魏的地界。

这就好比当着男人的面，打人家老婆的主意，看似大意，实际上是压根儿就没把人家当回事儿。

于是，魏恒子暗暗捅了一下韩康子，韩康子会意，轻轻踩了一下魏恒子，两个人都想起了赵襄子所说，兔死狗烹的话，一合计，把船弄翻，淹死了智伯。与赵襄子瓜分了智伯的领地。

中期说：秦国虽强，还比不过智伯，韩、魏虽弱，也比被大水围困的赵襄子强。

大王还是不要大意的好。

人在得意时总容易忘乎所以，这是人的本性，而忘乎所以的结果，往往使自己的行为失去理性，做出不合理的举动，甚至走向堕落、败亡的深渊。喜剧过了头，往往是悲剧的开始。所以任由得意时的情感过度发展，肯定不会有好的结果。人的情感需要理智的制约，适时地给自己立个座右铭，就像给自己套上了"紧箍咒"、带上"安全带"，虽不自由，却能约束自己少犯错误。

得意忘形难以长久，这不仅是做事的经验教训，也是人生的立世良训。

抓住机会，展现才华

伴随着哨声的响起，一只篮球在空中划出一条优美的弧线。现场数万的观众屏住呼吸，连喜欢叽叽喳喳的解说员也闭住了嘴巴……

球进了！反败为胜！顿时，现场一片欢呼，胜利的球队陷入狂欢。

——相信以上的场景，喜欢看 NBA 职业篮球赛的人都见到过。一个球员进1000个球的价值，有时比不上关键时的一个反败为胜的压哨球。

当年麦迪在离终场哨声仅仅35秒的时间，狂进13分，以1分的领先优势将马刺斩于马下。他如有神助的35秒，令其声名大震。

身处事业赛场的人，也需要机会让自己一战成名，这是一个在"速食"年代出人头地的最佳策略。你就像一个雄心勃勃的"板凳队员"，随时准备着教练的召唤，一有机会出现，就会不毫不犹豫地冲向赛场并且不辱使命。成为某个行业的偶像并不是白日梦，关键是为每一次可能出现的机会做好准备，绝不错过任何一次表现自己的机会。敢于出手，并且出手必中。

汤姆·克鲁斯在出演《壮志凌云》之前，只能在好莱坞扮演一些小角色，有时甚至连一分钱片酬都没有。导演们拒绝他的理由是：不够英俊，皮肤太黑了，演技太幼稚，等等。然而，这些在今天都变成了笑话。另外，像乔治·克鲁尼在出演《急诊室》之前、金·凯瑞在出演《变相怪杰》之前、尼古拉斯·凯奇在出演《远离赌城》之前，他们都不得不努力地去扮演各种小角色。

绝不错过任何机会的做法，使他们最终都变成了好莱坞的票房保证。

英国纪实小说家乔治·埃格尔斯顿曾讲述这样一个故事：一天，在西格诺·法列罗的府邸正要举行一个盛大的宴会，主人邀请了一大批客人。就在宴会开始前夕，负责餐桌布置的点心制作人员说，桌子上的那件大型甜点饰品不小心被弄坏了，管家急得团团转。

"如果您能让我来试一试的话，我想我能解决这个问题。"这时，一个孩子走到管家的面前主动请求。这个小孩是西格诺府邸厨房里一个干粗活的仆人的帮工。"你？"管家很惊讶，"你是什么人，竟敢这样说话？""我叫安东尼奥·卡诺瓦，是雕塑家皮萨诺的孙子。"这个充满自信的孩子回答道。

"小家伙，你真的能做吗？"管家半信半疑地问道。"是的，我可以造一件东西摆放在餐桌中央，如果您允许我试一试的话。"小孩子开始显得镇定一些了。这时，仆人们都已经慌得手足无措了。于是，管家只能答应让安东尼奥去试一试，他则在一旁紧紧地盯着这个孩子，注视着他的一举一动，生怕他把事情弄得更糟。这个厨房的小帮工不慌不忙地端来了一些黄油。不一会儿工夫，不起眼的奶油在他的手中变成了一只蹲着的巨狮。

管家喜出望外，惊讶地张大了嘴巴，连忙派人把这个奶油塑成的狮子摆到了桌子上。

晚宴开始了。客人们陆陆续续地被引到餐厅里来。这些客人当中，有威尼斯最著名的实业家，有高贵的王子，有傲慢的王公贵族，还有眼光挑剔的艺术家。但当客人们一眼望见餐桌上卧着的奶油狮子时，都不禁异口同声地称赞起来，一致认为这真是一件天才的作品。他们在狮子面前不忍离去，甚至忘了自己来此的真正目的。结果，整个宴会变成了对奶油狮子的鉴赏会。客人们情不自禁地细细欣赏着狮子，不断地问西格诺·法列罗，究竟是哪一位伟大的雕塑家竟然肯将自己天才的艺术浪费在这样一种很快就会融化的东西上。法列罗也愣住了，他当即喊管家过来问话，于是管家就把小安东尼奥带到了客人们的面前。

当这些尊贵的客人们得知，这个精美绝伦的奶油狮子竟然是这个小孩在仓促间完成的，众人不禁大为惊讶，整个宴会立刻变成了对这个小孩的赞美会。富有的主人当即宣布，将由他出资给小孩请最好的老师，让他的雕塑天赋充分地发挥出来。

西格诺·法列罗果然没有食言，但安东尼奥却没有被眼前的宠幸冲昏头脑，他依旧是一个淳朴、热切而又诚实的孩子，孜孜不倦地刻苦努力着，他希望自己真的成为一名优秀的雕塑家。也许很多人并不知道安东尼奥是如何在关键时刻挺身而出展示自己的才华的；然而，却很少有人不知道著名雕塑家卡诺瓦的大名，他是世界近代史上最伟大的雕塑家之一。

如果你正在为缺少表演机会而郁闷，或者因为总是扮演一些小角色而心有不甘的话，请你相信这只是个过程。事实上，在你的公司里根本就没有什么"小角色"，只有那些自己看扁自己的"小人物"。只要你愿意，会议、培训、提案……公司的任何一项日常活动都能成为你表演的舞台。当那些"小人物"迟疑、退缩的时候，你应该信心十足地说："我可以表达自己的想法吗？""让我来试一试吧！""我相信我能做好！"

如果对自己的能力还没有信心，那建议你埋头苦练，什么都别说。如果你认为缺的就是机会，那就努力演好目前的角色，使自己养成每次都做得很好的习惯，成功应该离你不远。

不要让追求之舟停泊在幻想的港湾，而应扬起奋斗的风帆，驶向现实生活的大海。

成大事要戒急用忍

生活在阿尔卑斯山上有一种鹰，在活到 25 岁的时候，已经是很老了。喙已不尖，爪已不利。已无法觅食。等待它的有两条路，一则死亡，二则在痛苦的忍耐中获得新生。

等待新生的过程是极其残酷和残忍的。它要忍受 3 个月的饥饿，不吃不喝，因为它已经无法觅食。它要用自己的喙把所有已经不再锋利的爪甲一颗颗的拔掉，每拔下一颗都要忍受钻心的疼痛。这份疼痛可想而知，比起切肤之痛，有过之而无不及。接下来，要把翅膀上所有已经不能带它飞上天的羽毛，一根根地拔去。在等待羽毛和爪甲长出的过程中，还要在石头上把已经变得不再尖利的喙磨平，等待长出新的尖利的喙。

然而，经过九十天的时间，再去看他，它已经和以前一样了，变回到一只强壮的，让同类依然为之折服的鹰——风采依旧，威风的翱翔在蓝天之上。此时的它又能继续活 25 年。可以说，这第二次辉煌的新生，正是它在痛苦的忍耐中获得的。

人与鹰一样，也需要在关键的时刻坚持住自己，戒急用忍，如此才不至于"小不忍则乱大谋"，方能成大事。

有个酒厂，新聘来两个调酒师，其中小峰的舅舅是厂里的财务部主管，而大伟是应聘进来的。

厂里决定在年底举行调酒技术比赛，小峰和大伟谁的调酒技术高，谁就是酒厂技术部的主管。

小峰接到通知后，便找舅舅上下疏通关系。原来，他本身调酒技术一般，完全是靠他舅舅的关系才进的厂。

比赛那天，小伟所调制的酒中苦味太浓，小峰的酒却入口绵甜，清冽香浓。原来大伟的调酒器皿上事先被抹上了苦瓜汁。而小峰早就花钱请人调好了，比赛时才拿出来。因而小峰作了技术部主管。

赛后，大伟知道了事情的缘由，心中十分气愤，但他隐忍不发，终日里闷头研究调制技术。

后来，小峰被派到省里参加调酒大赛。他技术上根本不过关，并不能为酒厂争得荣誉。厂长没有办法，再遇机会只能把大伟派去。由于大伟整天钻研，所以他调制出来的酒得到了在场专家的高度好评，获得了最高的奖项。

回来后，厂长知道了当初厂里比赛的真相，就把小峰撤职了，让大伟负责全厂制酒的技术。

工作中受到领导批评，不妨先忍耐等待一下，冷静下来找出差距和不足，及时改正，然后再图发展，切不可一味意气用事，与领导顶撞或匆匆辞职了事。与朋友同事发生矛盾，也不妨先做屈己退让，化解矛盾，以便和好如初。

人生是复杂的，成大事往往需要能屈能伸，戒急用忍，不计较面子、身份、地位，也不急着出头露脸。这种日子虽然容易让人沉不住气，但只要沉得住气，就有希望，就有成功的机会。

第十一章　终身学习，才会永葆青春

一个善于终身学习的人，就像怀揣一块巨大无比的海绵，到处吸收营养以为我用。学历是有终点的，但学习却没有止境。特别是身处知识更新换代速度奇快的当今，你只要不学习。三五年后，知识、技术与经验就会完全跟不上时代。

唯有终身学习的人，才能在能力上永葆青春并拥有长远的竞争力。

实现可持续性发展的途径

近年来我们常常听到"可持续性发展"这个词，人们也逐渐认识到"可持续发展"的重要性。在我们的人生事业中，我们也应该要求自己做到"可持续性发展"。如何做到呢？

终身学习。终身学习是一种信念，也是一种可贵的品质。它是自我完善的过程，也是我们在现代社会立于不败之地的秘诀。知无涯，学无境。永远不要停止你学习的脚步，让学习成就你的事业，也成就你的人生。

拉里·埃里森——全球第二大软件制造商甲骨文公司创始人、总裁兼 CEO，曾被《财富》杂志列为世界上第五富的人，2004 年《福布斯》杂志全球富豪排行榜显示，他的个人净资产为187 亿美元，排名第十二位。

甲骨文公司是世界上最大的数据库软件公司。当你从自动提款机上取钱，或者在航空公司预定航班，或者将家中电视连上 Internet 网，你就在和甲骨文公司打交道。

埃里森是典型的气势凌人的技术狂人，个性张扬，硅谷流传着这么一个笑话：上帝和拉里·埃里森有什么区别？——上帝不认为自己是拉里·埃里森。

通过二十多年的时间，埃里森把一个无名的软件公司发展成世界第二大软件制造商。是什么使他在信息时代笑傲江湖呢？

——学习，是持续不断的学习，使这个集众多非议为一身的"坏家伙"，始终走在信息时代的最前沿。

1944 年，埃里森出生在纽约的曼哈顿，由舅舅一家抚养，在芝加哥犹太区中下阶层长大。小时候的埃里森并没有表现出超于同龄人的天赋，在学校时，他成绩平平，非常孤独，喜欢独来独往。唯一感兴趣的就是计算机。

1962年，埃里森高中毕业，他先后进入芝加哥大学、伊利诺斯大学和西北大学学习，虽然经历了3个大学，最终却没有得到任何大学文凭。

关于学位，埃里森认为："大学学位是有用的，我想每个人都应该去获得一个或者更多，但我在大学没有得到学位，我从来没有上过一堂计算机课，但我却成了程序员。我完全是从书本上自学编程的。"

知识的迅速增长和更新，使人不得不在学习上付出更多的努力。现在，人们在"终身教育"问题上达成了共识，现在"终身教育"思想已经成为当代世界的一个重要教育思潮。今天，在世界范围内都响起了"不学习就死亡"的口号。

在中国古代的金溪县有个人叫方仲永，当他五岁时，就能写诗作赋。人们指着什么事物叫他作诗，都能当即写成，被认为是神童。于是就有人请他父亲带方仲永去做客，并即席作诗，有的人还赠些银两。他父亲心中窃喜，就天天拉着他去拜访各路人，不叫他学习。在他13岁的时候，他写出来的诗已不能和以前的名声相称了。又过了七年，他已经默默无闻，和一般人一样了。

如此看来，即使神童也得不断学习，否则迟早一天会"神"不起来。由此，学习就意味着是一个终身的过程，是现代人生命过程的一个重要组成部分。任何一个人，不管有多高的天资，有多高的文凭，都没有资格说："我已经不用学习了。"

埃里森曾经对前来应聘的大学毕业生说："你的文凭代表你受教育的程度，它的价值会体现在你的底薪上，但有效期只有3个月。要想在我这里干下去，就必须知道你该继续学些什么东西。如果不知道学些什么新东西，你的文凭在我这里就会失效。"

　　在我们身边确有一些高学历的人，他们自我感觉已经掌握了改造世界的全部本领，认为出了校门就不用再学习了。其实，这样的认识是非常危险的。

　　时代飞速发展，环境急剧变化，没有一劳永逸的成功，只有不断学习，终身学习，你才不会被抛出时代的列车。

　　学习不难，难的是坚持。人生是一场马拉松，要坚持学习需要很强的毅力。终身学习既是非常简单又是极端困难的事情。说它简单是因为学习不是一件必须正襟危坐的事，它就实实在在地存在于我们日常生活的每一天。它的内容无限广泛，它的方式也是因人而异。一个故事，一次经历，一番谈话……都可以让你收获良多。生活中处处都值得你学习，你不要让一个个学习的机会与你擦肩而过。用心观察思考，勤于动手动脑，随时随地学习才是正事！说它困难是因为我们或者因自满而中途放弃，或者把它当成一种苦差事而不愿做。

　　不管你是什么学历什么来历，总之，要想事业可持续性发展，就要做到随时、随处学习。活到老，学到老——古圣贤的教诲不能忘记。我们不能那么轻易地满足，要勇于给自己提出新的更高的要求。我们也不能把学习完全当成一件苦差事，你应当看到学习是辛苦和快乐的综合体。我们要善于学习，乐于学习，在学习的过程中体会到收获知识的欢欣。

从别人的成功与失败中学习

学习的内容纷繁复杂，然而最根本最重要的只有一项——学会学习。学会了学习，一切都会招之即来。可以毫不夸张地说，学习能力是"元能力"，是一切能力之母；学习成功是"元成功"，是一切成功之母。

然而，现实中的许多事例表明，这两种说法并不总是能成立。只有那些从失败中吸取教训的人，才能使失败成为成功之母；同样，只有那些从成功中学习到成功的经验的人，才能使成功成为成功之母。所以，无论失败成为成功之母，还是成功成为成功之母，要想实现哪一方面，都必须以学习为基础。因此，归根结底，应该说"学习是成功之母"。只有学习能力才是真正的成功之母、永恒的成功之母。如果不具备学习能力，那么失败可以成为失败之母，成功也可以成为失败之母。

一家著名企业在北京大学聘员工，提出的要求是英语能力和计算机能力要出众，许多人不解。招聘人员解释说："英语和计算机能力出众，意味着你具备学习能力，我们就可以培训你专业技能。"

现在许多大企业在招聘新人时不再问："你会什么？""你学过什么？"而是问"你能否学会我们让你掌握的东西"。这就是一个变革的信号：学习比知识更重要。

在生存竞争日趋激烈、知识更新不断加快、科技发展日新月异的今天，对新知识的学习就显得更加重要。一个人要想有所成就，要想生活得幸福美好，哪怕是不饥不寒地度过一生，都要付出巨大的努力，就是活到老，学到老。

　　有人说"失败是一笔财富",为什么呢?因为在失败后,我们可以通过反思来增加自己的智慧。所以,能从自己的失败中吸取教训的人才是聪明人。不过,有更聪明的人,他们能够从别人的失败中总结经验、吸取教训。他们连失败的"学费"也免交了,多么划算!

　　曾有一位著名的将军说过:两军对阵,谁犯的错误少,谁就有更大可能取胜。创业也是这样的道理,少犯别人犯过的错误,就增加了自身成功的概率。

　　别人的失败中有可学习的地方,别人的成功中也有可学习的地方。

也要向不如自己的人学习

古人云："见贤思齐，见不贤而自省焉。"就是说一个人，如果见到比自己品行高尚，比自己有本事的人，我们就应该向他学习；反之，如果见到品行和能力不如自己的人，我们就应该认真对照，仔细反省自己，看看自己有没有同样的问题。

然而，"寸有所长，尺有所短。"其实人与人比较，无所谓如不如自己，全看你从什么角度比较，怎样进行分析。

面对一个综合素质不如自己的人，我们对于他们的优缺点要进行仔细的甄别和分析。我们必须明白：每一个个体都是独特的、唯一的，一定有他们的过人之处，有他们的优点，有他们值得我们学习的地方。一方面，我们要善于发现和学习他们的优点和长处；另一方面，我们还不能总拿了放大镜去找寻他们的短处。因为如果那短处变得太过抢眼，你就可能完全忽略了他的长处。这是不是就不够一分为二了呢？我想不是。还是回到我曾经说过的"积极的中庸"——"黄金分割点"在 0．618 处，我们对于一个人多看点优点，少看点儿缺点，一般说来，总没坏处。

《水浒传》第 56 回写的是时迁潜入徐宁家中偷雁翎锁子甲。初写这回书，施耐庵修改过多次但不太满意。一天，他正伏案构思，忽然有人从门前一闪而过。他走出门去查看，竟发现一只芦花鸡没有了。刚刚闪过的那个人，叫李大。他叫住李大，想攀谈几句，没想到李大心虚，连忙把布袋里的鸡倒出来，并请求原谅。施耐庵知道李大是条硬汉子，家中有位九十岁的瞎眼母亲，穷得没法生活，才干出这偷鸡摸狗的事。于是，他叫家里人盛上饭菜给李大吃，并劝李大以后要学好，还说："我这里有二两白银，用红纸包着，放在正梁上，今天晚上，你如果能偷走，就恕你无罪。"

到了晚上，施耐庵早早把门窗关紧，点着灯火，两眼注视着大梁。不料，李大早已藏在大橱后面。到了半夜，李大学了几声鼠叫，见无动静，然后，就像猫一样，蹿到正梁上，把银子偷走了。

施耐庵经过这番仔细观察之后，重新修改了"时迁盗甲"这回书。这一改，情节更加生动了，人物形象也更加丰满了。

李大是个贼，在很多方面上不如施耐庵。但是施耐庵还是看到了李、李大身上闪光的地方，并及时抓住了它，进行利用、学习。能够向不如自己的人学习，可以说，这正是施耐庵的可贵之处，也正是他成功的地方。

见贤思齐，见不贤也要看到别人身上好的地方，这不仅是一种学习的方法，更是可贵的人生品质。孔子说："三人行，必有我师焉。择其善者而从之，其不善者而改之。"就是打比方说：三个人同行，其中必定有我的老师。我选择他善的方面向他学习，看到他不善的方面就对照自己改正自己的缺点。

然而，说归说，人们并不是经常能够做到。人们常犯的一个通病，就是往往看自己的优点和他人的缺点多，看自己的缺点和他人的优点少。所以，在学习他人，充实自己方面，我们还是需要摆正自己的态度，积极努力地去做的。

养成每天学习的习惯

这是大学期末考试的最后一天。在一幢楼的台阶上，一群工程系高年级的学生挤作一团，正在讨论几分钟后就要开始的考试。他们的脸上充满了自信。这是他们参加毕业典礼之前的最后一次测验了。

一些人谈论他们现在已经找到的工作，另一些人则谈论他们将会得到的工作。带着经过 4 年大学学习所获得的自信，他们感觉自己已经准备好，甚至能够征服整个世界。

这场即将到来的测验将会很快结束。教授说过，他们可以带任何他们想带的书或笔记，要求只有一个，就是他们不能在测验的时候交谈。

他们兴高采烈地冲进教室。教授把试卷分发下去。当学生们注意到只有 5 道评论类型的考题时，脸上的笑容更加灿烂了。

3 个小时过去了，教授开始收试卷。学生们看起来不再自信了，他们的脸上挂满了沮丧。

教授注视着他面前这些焦急的面孔，面无表情地说道："完成 5 道题目的请举手！"

没有一只手举起来。

"完成 4 道题的请举手！"

还是没有人举手。

"完成 3 道题的请举手！"

仍然没有人举手。

"2 道题的！"

学生们不安地在座位上扭来扭去。

"那么 1 道题呢？有没有人完成了 1 道题？"

整个教室仍然沉默。教授放下了试卷。"这正是我期望得到的结果，"他说，"我只想要给你们留下一个深刻的印象：即使你们已经完成了 4 年的工程学学习，但关于这个学科仍然有很多的东西是你们还不知道的。这些你们不能回答的问题，是与每天的日常生活实践相联系的。"

然后他微笑着补充道："你们都将通过这次测验，但是记住——即使你们现在是大学毕业生了，你们的教育也还只是刚刚开始。"

知识和才干的增长，不是一朝一夕的事，只有养成每天学习的习惯，才会有不菲的收获。

美国人埃利胡·布里特 16 岁那年，他的父亲就离开了人世。于是，他不得不到本村的一个铁匠铺当学徒。每天，他都得在炼炉边工作 10 到 12 个小时。但是，这个勤奋的小伙子却一边拉着风箱，一边在脑海里紧张地进行着复杂的算术运算。他经常到伍斯特的图书馆阅览那里丰富的藏书。在他当时所记的日记中，就有这样的一些条目：

6 月 18 日，星期一，头痛难忍，坚持看了 40 页的居维叶的《土壤论》、64 页法语、11 课时的冶金知识。

6 月 19 日，星期二，看了 60 行的希伯来语、30 行的丹麦语、10 行的波希米亚语、9 行的波兰语、15 个星座的名字、10 课时的冶金知识。

6 月 20 日，星期三，看了 25 行的希伯来语、8 行的叙利亚语、11 课时的冶金知识。

终其一生，布里特精通了 18 门语言，掌握了 32 种方言。他被人尊称为"学识最为渊博的铁匠"，并名垂史册。

抱朴子曾这样说："周公这样至高无上的圣人，每天仍坚持读书百篇；孔子这样的天才，读书读到'韦编三绝'；墨翟这样的大贤，出行时装载着成车的书；董仲舒名扬当世，仍闭门读书，三年不往圈子里望一眼；倪宽带经耕耘，一边种田，一边读书；路漫舒截蒲草抄书苦读；黄霸在狱中还从夏侯胜学习，宁越日夜勤读以求十五年完成他人三十年的学业……详读六经，研究百世，才知道没有知识是很可怜的。不学习而想求知，正如想求鱼而无网，心虽想而做不到。"

刘子又说："吴地产劲竹，没有箭头和羽毛成不了好箭；越土产利剑，但是没经过淬火和磨砺也是不行的；人性聪慧，但没有努力学习，必成不了大事。孔夫子临死之时，手里还拿着书；董仲舒弥留之际，口中还在不停诵读。他们这样的圣贤还这样好学不倦，何况常人怎可松懈怠惰呢？"

悬梁刺股、凿壁偷光、燃薪夜读、粘壁读书、编蒲抄书、负薪苦读、隔篱听讲、织帘诵书、映雪读书、囊萤苦读、韦编三绝、手不释卷、发愤图强、闻鸡起舞……这些流芳百世的勤学苦读的典范和榜样，仍将激励后学，光照千古。

非常之人必有非常之志。无数成功者的事例表明：只有通过不断的学习和努力，才可以成为一个出众的人！学习是完成人生飞跃的翅膀。

爱因斯坦曾把自己比作一个大圆圈，把一个人拥有的知识比作一个小圆圈。大圆圈外沿接触的空白比小圆圈要多。因此，学问越多的人，越能察觉自己知识的不足。越是知道自己的不足，越是能努力学习；越是能努力学习的人，知识也就越丰富。

第十二章　别为了事业而牺牲幸福

　　为了明天的成功，一定要放弃今天的幸福吗？没有辉煌的事业，是否也能幸福？通往成功的路上，我们是否能一路欢歌笑语？

　　你根本就不必为了事业而"牺牲"幸福，走向事业巅峰时的理智路线，是"幸福着去成功"，而不是"成功之后再去找幸福"。事业的成功与否，我们只能尽人事以待天命。但对于生活的幸福与否，却是实实在在操之在手的。因此，在为事业打拼的时候，千万不可忽略了自己及家人的生活。

　　让我们幸福着去成功！

走得太快会丢失灵魂

在大导演安东尼奥尼在电影《云上的日子》，女主人公在咖啡馆里给男主人公讲了一个有趣的故事：在墨西哥，有学者要到高山顶上印加人的城市去，他们雇了一群印加挑夫运送行李。在途中，这群挑夫突然坐下来不走了，学者怎么心急烦躁地催促他们也没有效果，并且一坐就是几小时。后来，他们的首领才说出挑夫不走的理由。因为他们走得太快，把灵魂丢在了后面，他们在等待灵魂。首领说："每当我们急行了三天，就一定要停下来，等等灵魂。"

《菜根谭》里有这样一句话："忧勤是美德，太苦则无以适性怡情。"这句话其实和墨西哥土著所谓的"灵魂丢失"说有异曲同工之妙。这句话的大意是说，尽心尽力去做事一种很好的美德，但是过于辛苦地投入，就会失去愉快的心情和爽朗的精神。灵魂也好，愉快的心情和爽朗的精神也罢，都是人的幸福之本。没有灵魂，人不过是行尸走肉而已；没有愉快的心情和爽朗的精神，还有什么人生的乐趣呢？

努力奋斗是一项优秀的品质，但努力也应该讲个时机，有一个限度。人生应该像一幅国画，要浓淡相宜，疏密合理。浓墨铺满的画并不好看。在国画艺术中，有一种技法叫"留白"。留白要求画画时不可满纸着墨，要适当留些空白。香港作家陶杰在一篇文章中说："中国的水墨画，讲究留白。即没有笔墨的地方，有天和水之空灵，画意深远。此代表了中华文艺的言简意深，也是中国传统哲学中做人的哲学。含蓄而处世，练达而人情。禅宗的佛偈，也是一种留白的哲学，菩萨低眉式的留白，是生活的最高艺术。"

留白能够突出画的主体，使画不会出现杂乱无章的情形，同时也能够使观赏者进行无限的遐想。因此有所谓"留白天地宽"的说法。有些心怀大志的人，为了珍惜人生的光阴，习惯将每天的日程安排得满满的，不停地奔波。即使再累，也得支撑着。这种老黄牛似的精神被不少人推崇。但正如国画需要留白一样，你的人生也需要留白。列林曾说过"不懂休息的人是不懂工作的人"。

走向社会，特别是成家立业之后，不少都难免有为别人而活的感慨。为公司，为社会，为父母，为老婆，为孩子，为朋友，甚至为邻居——有些是你的义务，有些是你的责任，正值当年的你在很多事情中忙得团团转，很难腾出时间与精力去做自己真正想做的事。感觉上好像每个人都想侵占一点你的时间，只有你自己一点时间也没有。唯一的解决之道是与自己订个约会，就像你与医生或好友订下约会一样。除非有意外事故，否则你要谨守约定。和自己订约会的方法很简单：在日历上画出几个不让任何人打扰的空白日子。一周一次或一个月一次都可以，而且时间长短不限，就算只是几小时也可以，重点在于你为自己留下了一点空白，这段空白的时光对你的心灵有平衡与滋养的作用。其次是当别人要跟你约定时间时，绝对不能将这段神圣的留白时光牺牲了。你要特别珍惜这样的时光，甚至比任何时光都重要。别担心，你绝不会因此而变成一个自私的人，相反，当你再度感到生命是属于自己的时候，你会感到无尽的欢乐，也能更轻易地满足别人的需要。

好了，让我们读一首英国作家威廉·亨利·戴维斯的小诗，以此来体会什么是享受悠闲的欢乐，如何享受悠闲的快乐！

这不叫什么生活，

总是忙忙碌碌，
没有停一停，看一看的时间。

没有时间站在树荫下，
像小羊那样尽情瞻望。

没有时间看到，
在走过树林时，
松鼠把壳果往草丛里收藏。

没有时间看到，
在大好阳光下，
流水像夜空般群星点点闪闪。

没有时间注意到少女的流盼，
观赏她双足起舞蹁跹。
没有时间等待她眉间的柔情，
展开成唇边的微笑。

在工作中放松自己

谢里尔的伯伯维拉过去一直在铁路站工作。维拉工作的地点并不是一个大车站，只是一个镇上的小车站。一天只有两次列车在这里停车，维拉既是站长，又是搬运主任和信号主任，身兼三职。事实上，碰到什么事情，维拉就做什么事情。整个小镇都没有比他更快活的人了，整个车站是他心中的骄傲。

那个车站管理得很好，维拉对规章制度的要求非常严格。他知道一个乘客准许干什么和不准干什么，哪里准吸烟和不准吸烟。要是有任何乘客敢干一点违反规章的事情，那他在这个小镇就是自找麻烦了。

维拉在那里待了 50 年，最后不得不退休了。毫无疑问，维拉的工作是干得很好的：在整整 50 年期间，他一直在那里，连一天勤也没有缺过。铁道管理委员会认为他们应该对此有所表示，给予肯定，就安排了一个小小的"欢送仪式"，并派总公司经理前往小镇参加这个仪式。

维拉接受了感谢，并得到一份礼品——一张小额支票。当然，他很高兴，可是却对经理说："我不需要这笔钱。我能改要一样能使我回忆起在小站度过的那些幸福日子的东西吗？"经理颇感惊讶，但还是请他说出他想要的东西。

维拉很高兴地说："但愿公司能够让我得到一节旧车厢的一部分，一个分隔间，多旧多破都没关系。既然已经退休了，我就有充分的时间把它修理好，搞干净。我想把它放在自己的后院里，每天我都可以去坐在里面，使我想起在小镇火车站工作的日子。"

经理很无奈地说："好吧，假若那就是你所要的东西，你一定可以得到它。"

一周之后，一节旧车厢，或者更确切地说，一个分隔间，运到维拉的后院。维拉开始像先前在小镇火车站工作的时候那样，为它忙了起来。过了一周，这节车厢就焕然一新了。

在一个很糟糕的日子，谢里尔和父亲来看望维拉。一下火车，天就开始下雨了。等他们到达维拉家的时候，雨下得更大了。他们沿着小路走到前门。父亲打开门，两个人进了屋。

屋里找不到维拉，父亲对谢里尔说："他一定在自己的那节旧车厢里。咱们出去到后院去找他。"

果然，他在那儿，但并不是坐在车厢里。他在外面，坐在脚踏板上，吸着烟斗，头上蒙着一条麻袋，雨水顺背向下淌着。

"喂！维拉，"父亲喊道，"你怎么不进车厢避避雨呢？"

"你看不见吗？"维拉说着，用手指着车厢上那块写着"不准吸烟"的通告牌，"亏他们想得出，给我送来的是一节里面不准吸烟的车厢。"

许多人的敬业精神是值得称颂的。但是，如果对工作过于狂热，以至于不能摆脱的话，这在某种程度上来说，就是有些"迂"了。

对付工作狂热的"病症"，有效的方法不在外因，而是来自自身的想法转变。别忘记享受人生，享受生命带给我们的快乐。只有严格区分工作场合和休闲生活，才能充分享受快乐的人生。

那些终年劳碌却不懂得合理利用时间去休假的人，冒着炎热的酷暑仍然在店铺里工作，面容是多么憔悴。那些绞尽脑汁的作家，连续几个月不停地用脑工作，到最后，笔都写秃了，肉体与精神机器运转不灵了，思想也变迟钝了。那些业务繁忙的律师和医生也显得疲惫不堪，尽管他们仍然在勉强地支持，但他们的心中在呼喊着要有相当的休息。各行各业的劳碌者，在每一个城市都有，都需要到田野森林中去丰富他们的生活。

你不妨把那些因为做无谓事情而浪费的时间积累起来，去换取一个休假。休假后再回来，你就会拥有清醒的头脑、强健的体魄、饱满的精神，感觉自己简直就是一个新人，充满了愉悦。

人生在世，谁都想轻轻松松过上一生，谁也不想活得太累，尤其是心累更让受不了。所以，人们都应该学会放松。

不管工作多么累，人际关系多么复杂，心里有多少疙瘩，我们都应该以坦然的心情去对待。不管什么事情都去斤斤计较，无论什么总是非要较真不可，岂能活得不累？学会放松，就可以使我们的思想、思维从自我禁锢中挣脱出来，就能够心胸开阔，乐观豁达。学会放松可以使我们冲破一切樊篱与桎梏，我们的心灵也就会像鸟儿一样在蓝天白云间自由翱翔。学会放松还可以使我们处变不惊，遇险不慌，临危不乱，对任何事情、任何情况都能一分为二地加以分析和处理。

学会放松也不是一件容易的事情。它需要一种性格的修炼，一种意志的磨砺，一种耐心的培养，同时也需要知识的启迪，经验的参照，性情的陶冶。放松是人们心灵深处一道美丽的风景，是人们思想天空中一道绚丽的彩虹。

顺其自然的朴素哲理

有个弟子非常苦恼地问法然上人："师父，我一心念佛，但是不管我如何专心诚意有时候总免不了不知不觉地打瞌睡；您有没有什么办法，帮我克服呢？"

法然上人回答："很简单，你只要在清醒时念佛就可以了。"

法然上人一句非常简单的话，其实包涵了朴素的哲理，那就是：人在任何时候都不要勉强自己。

有一个非常聪慧的女孩，一直梦想成为一个钢琴演奏家。为了实现这个目标，她决心考上专门的音乐院校。为此，她每天都坚持放学回家后练钢琴四个小时。不管多么困多么累，三年里她从未打过一丝折扣。

但是，有一天，女孩突然对于弹钢琴产生了强烈的反感。她甚至能够闻到她以前所从来没有闻到过的钢琴气味，而且一闻就头痛，要呕吐。

针对这个奇怪的现象，女孩的父母百思不得其解：明明钢琴是好好的，为什么突然变得有气味了？而且这个气味只有女孩能闻到其他任何人都闻不到？

这种现象持续了很久。终于，在别人的建议下，女孩的父母带她去了一家大型的医院。医生的诊断是女孩患了神经官能症，病因是由于过于刻苦地练习钢琴，潜意识中对钢琴产生了强烈的厌恶，由这种厌恶而带来了钢琴有气味的幻觉。

弹钢琴本来就是一种可以陶冶情操的好手段，但因为这个女孩过于"痴迷"弹钢琴，结果情操没有得到陶冶，反而给自己的心灵带来了伤害。

　　念佛也好，弹钢琴也好，做什么事情都最好是自然一些，不要勉强自己。否则，过多的付出反而可能产生负面效果。

　　禅中自有大智慧。我们不妨再来看一节关于禅的小故事。

　　严冬将过，寺庙的空地上满是尘土。小和尚对禅师说："师父，快撒点种子吧，好难看啊。"

　　"等天气暖和了，"禅师说："随时。"

　　立春到了，禅师买了一包草籽，叫小和尚去播种。

　　春风一起，草籽边撒边飘。小和尚慌慌张张地禀告禅师："师父，不好了，好多种子都被风吹跑了。"

　　"没关系，被风吹走的多半是空的，撒下去也发不了芽。"禅师说："随性。"

　　小和尚刚刚撒完种子，几只小鸟就凑上来捣乱。"唉，种子都快被鸟吃光了。"小和尚向禅师报告。

　　"放心，种子四处撒落，鸟是吃不完的。"禅师挥了挥手说："随意。"

　　一场瓢泼的大雨整整下了一夜，小和尚在天刚蒙蒙亮就跑进禅房："师傅，这下可真完了，好多草籽被雨冲走了。"

　　"冲到哪儿，就在那儿发芽。"禅师面目安详地说："随缘。"

　　几天过去了，原本光秃秃的地面居然探头探脑地露出一些绿意，甚至一些原来没有播种的角落也染了绿色。小和尚高兴地向禅师报告好消息。

　　禅师点了点头，说："随喜。"

　　禅师是悟道高人，一箪食、一瓢饮足矣。而我等生活在滚滚红尘中的俗人，要做到他随时、随性、随意、随缘、随喜的境界，多少显得有些不现实。毕竟，功名的诱惑、家庭的负担、个人的发展乃至社会的进步，都需要一定的进取、抗争与改变精神。我们只是希望，在内心浮躁时、在忙得一塌糊涂时，要记得给自己一点淡定与从容。

为健康多花点心思

健康的重要性毋庸多说，不过当下的年轻人却很少担心或操心过自己的健康。我的身体一直很好啊，我没有时间去考虑啊……理由很多。

美国哈佛大学健康管理研究负责人米纳克认为，一般人只要从 35 岁开始，加强自身的健康管理，养成良好的生活习惯，可望延长 7 年寿命。因为有规律、健康的生活习惯，对心血管疾病、高血脂、高血压等几种"老年病"有改善的效果。只要能持之以恒，在生命的黄昏期，依然可以过着健康、有自主能力的生活。

健康首先来自良好的生活习惯，而良好的生活习惯首先要求远离不良的生活习惯。常见的不良习惯有很多很多，就看能不能下决心彻底远离它。

现代人的不良的习惯有很多，如网瘾、嗜酒、酗酒、嗜烟（大量吸烟）、嗜赌（赌徒）。有专家说得好，在危害健康的诸因素中，最严重的莫过于不良嗜好所起的作用持久而普遍。

不良生活习惯不可轻视。如卫生习惯差，病从口入，易得胃肠传染病或寄生虫病。暴饮暴食者易患胃病、消化不良以及易于致命的急性胰腺炎。爱吃高脂及高盐食者，最易患高血压、冠心病等。一旦不良习惯养成，对健康的危害作用就会经常出现。

滥用药物。有关专家指出，当前药害已成为仅次于烟害和酒害的第三大"公害"。全世界每年死于药害者不下几十万人，为此，欲求健康长寿，必须停止滥用药物，包括滥用抗生素补养药品。补药用之不当，也会伤人。

劳累过度或生活懒散。有的优秀中年知识分子，还有很多中年企业家英年早逝，其主要原因就是他们的脑力劳动强度过大和生活无规律。古今中外，没有一个生活无规律者能够长寿。而生活有规律，起居有时，饮食有节，恰恰是长寿者共有的特点。

不讲究心理卫生。随着医学科学的进展，人们越来越明确地认识到精神（心理）因素在一些疾病的发生、发展上具有特殊的重要地位。比如，强烈的焦虑，长期持续紧张、愤怒和压抑等，常常是身心性疾病（高血压、冠心病等）的诱发因素，并能使病情加重。又如长期或强烈的恶性精神刺激所引起的恶劣心境（忧虑、哀愁、恐怖等），同时还会降低人体的免疫功能，使人较容易患癌症。

为了纠正不良的生活方式和不健康的行为，科学家提出应从10个方面来加以改善。

✚心胸豁达，情绪乐观，善于处理各种矛盾和复杂的人际关系。

✚合理设计饮食，既要防止营养不足，又要避免营养过剩，坚持平衡膳食。

✚劳逸结合，坚持锻炼，特别是脑力劳动者、企业界人士，更应当经常挤时间参加体育活动。

✚生活规律、起居正常，善用闲暇、苦中求乐。

✚不吸烟（包括被动吸烟），不酗酒。

✚家庭和睦、生活安定，气氛融洽。

✚与人为善，自尊自重，大事不糊涂，小事不计较。

✚讲卫生、爱清洁，注意安全。

✚合理用药，不乱给自己开药方，有病早治，无病早防。

✚保持健康的性行为，不纵欲，特别要避免不洁性行为。

给家庭多一点时间

我的一个朋友最近与妻子离了婚，他们冲突的理由很简单：女方埋怨男方在家的时间太少，只是把家当成一个旅社，男方则认为自己奋力在外拼搏正是为了这个家。互相的埋怨积攒久了，少不了争吵与冷战。时间一长，两人终于越走越远……

朋友和我倾诉时，我们在一家咖啡厅喝咖啡。朋友和妻子是大学同学，毕业后一起来北京打拼。和所有异乡创业者走过的坎坷一样，他们清贫而又快乐地在工作与生活。从租住在阴暗的地下室，到租住嘈杂的平房，再到租住小区楼房……他们居所的改变，反映出他们处境的好转。7 年之后，他们终于实现了曾在地下室许下的诺言：在北京买了属于自己的房子。后来，小房子换成了大房子，两个人变成了三个人……深埋在地下室里种子，终于生根发芽、茁壮长大、开花结果，他们终于有了一个属于自己的家！

然而，有了有形的家后，他们之间渐渐出现了我们开头所说的冲突。类似的情景剧我们都不怎么陌生。处身都市的快节奏与高压力之下，不少人疲于奔命。他们有很多理由忙碌，但这些理由都不能构成忽略家庭的理由。我们的一切努力，是为了人生的幸福。人生的幸福不仅仅是你当了多大的官，赚了许多的钱，它的内涵很丰富。除了看得见的"幸福"，还有许多无形的"幸福"。

因此，当咖啡厅里播放萨克斯独奏《回家》时，我的朋友终于泪流满面。他说他已经不想回到他那座装修豪华的大 HOUSE 中。从他的家庭的悲欢离散里，显示的不正是"家"在现代生活环境下的变形与可怜，以及我们需要为之努力的方向与付出的代价吗？

美国《幸福》杂志曾在征答栏中刊登过这么一个题目：假如让你重新选择职业，你将做什么？一位军界要人回答，去乡间开一个杂货铺；一位女部长的回答，到哥斯达黎加的海滨经营一家小旅馆；一位市长的愿望是改行当记者；一位劳动部部长是想做一家饮料公司的经理。两位商人的回答最离奇，一位想变成女人，一位想成为一条狗。更有甚者，想退出人的世界，化成植物。其间也有一般百姓的回答，想做总统的，想做外交官的，想做面包师的，应有尽有。但是，很少有人想做现在的自己。

人有时非常矛盾，本来活得好好的，各方面的环境都不错，然而当事者却常常心存厌倦。对人类这种因生命的平淡和缺少激情而苦恼的心态，有时是不能用不知足来解释的。

我去湘西一古镇旅游时，对住在那里的一位笔友羡慕不已，因为那里有宁静的小巷，古朴的青石板路，有青山，有绿水，还有清新的空气。然而，笔友却不认为他生活的地方有多么舒适，他羡慕着我在大城市里的丰富多彩。

也许真的是熟悉的地方没有风景。我的笔友对古镇太熟悉了，花草树木，清风明月，在他们漫长的日子里，已经不再有风景的含义，而是成为习以为常的东西。《幸福》杂志上的那些部长、商人以及平民百姓，之所以不愿做现在的自己，与住在古镇里的那个朋友一样，是对长期拥有的那片风景已经习以为常，风景已不再成为风景了。就像我，对于所居住的城市不是也习以为常、倍感无趣？

在人生的旅途中，最糟糕的境遇往往不是贫穷，不是厄运，而是精神和心境处在一种无知无觉的疲倦状态。感动过你的一切不能再感动你，吸引过你的一切不能再吸引你，甚至激怒过你的一切也不能再激怒你。这时，人就需要找寻另一片风景。

工作和生活中，我们追求知识，挣脱旧我，纯洁精神，净化灵魂，升华自己。其实，深究其根源，也是因为熟悉的地方已没有风景了。

有一个青年得了一种怪病：他不快乐，终日闷闷不乐。一天，他去拜见一位智者以讨求良方。智者说，只有世界上你认为最好的东西才能使你快乐。这个人看了看身边，他没有发现自己认为世界上最好的东西，于是他决定去寻找世界上最好的东西。

他收拾行装辞别妻儿老小，踏上漫漫旅途。

一天，他遇见了一位政客，他问："先生，您知道世界上最好的东西是什么吗？"政客官腔十足地说："世界上最好的东西吗，是至高无上的权力。"他想了想，觉得权力对自己并没有多大的诱惑力，于是他又去寻找。

第二天，他遇到了一个乞丐，他问："你知道世界上最好的东西是什么吗？"乞丐眯着眼睛懒洋洋地说："最好的东西？就是色香味俱全的美味佳肴呀。"他想了想，自己对食物并没有太多的渴望，所以也不认为那是世界上最好的东西。

第三天，他遇见了一位女人，他问："你知道世界上最好的东西是什么吗？"女人兴高采烈地脱口而出："当然是高档而漂亮的时装了！"他觉得自己对时装也不感兴趣。

第四天，他遇见了一位重病的人，他问："你知道世界上最好的东西是什么吗？"病人恹恹地说："那还用问吗？是健康的身体。"这个人想，健康怎么会是最好的东西呢？我每天都拥有，但是我不认为它就是世界上最好的东西。

第五天，他遇见了一个在阳光下玩耍的儿童，他问："你知道世界上最美好的东西是什么吗？"儿童天真地回答说："是好多好多的玩具啊。"这个人摇了摇头，继续去寻找世界上最好的东西。

接着，他又先后遇到了一个老妇人、一个商人、一个囚犯、一个母亲和一个年轻的小伙子。

老妇人说："年轻是世界上最好的东西。"

商人说："利润是世界上最好的东西。"

囚犯说："自由自在是世界上最好的东西。"

母亲说："我的宝贝孩子是世界上最好的东西。"

年轻的小伙子说："我爱过一个姑娘，她脸上灿烂的笑容是世界上最好的东西。"

没有一个回答令他满意。

他继续走啊走啊，他穿过川流不息、熙熙攘攘的人群，带着五花八门的答案又回到了智者那里。

智者见他回来了，似乎知道了他的遭遇和失望。于是捋着花白的胡子说："先不要去追究你的问题，因为永远不会有一个确切的而且唯一的答案。你现在考虑这样一个问题——把你现在最喜欢的东西和情景找出来，告诉我。"

这个人经过长途跋涉，已是饥寒交迫、蓬头垢面。他想了一会儿，对智者说："我出门很多天了，我想念我亲爱的妻子和可爱的孩子，想念一家人冬夜里围着火炉谈笑聊天的情景……"说到这里，他不由得感叹，"那就是我现在最喜欢的啊！"

智者拍了拍他的肩膀，说："回去吧，你最好的东西就在你的家里，他们可以使你快乐起来。"

这个人不甘心，疑惑地问："可我就是从那里走出来的啊！"

智者笑了，说："你出来之前，不知道自己喜欢什么东西；你出来之后——比如现在，你已经知道了自己喜欢什么样的东西了。"

是啊，在这个世界上，最好的东西就是我们最喜欢的东西。不管是你拥有的，还是未曾拥有的；不管它是繁杂的，还是简单的；也不管它多么便宜，多么金贵，多么实在，多么虚无。只要是你最喜欢的，那就是世界上最好的。

养成幸福的好习惯

一天清晨，在一列老式火车的卧铺车厢中。有五个男士正挤在洗手间里洗脸。经过了一夜的休息，次日清晨通常会有不少人在这个狭窄的地方做一番漱洗。此时的人们多半神情漠然，彼此间也不交谈。

就在此刻，突然有一个面带微笑的男人走了进来，他愉快地向大家道早安，但是却没有人理会他的招呼。之后，当他准备开始刮胡子时，竟然自若地哼起歌来，神情显得十分愉快。他的这番举止令一些人感到有些不悦，于是有人冷冷地、带着讽刺的口吻对这个男人问道："喂！你好像很得意的样子，怎么回事呢？"

"是的，你说得没错。"男人如此回答着，"正如你所说的，我是很得意，我真的觉得很愉快。"然后，他又说道："我是把使自己觉得幸福这件事，当成一种习惯罢了。"

后来，在洗手间内所有的人都把"我是把使自己觉得幸福这件事，当成一种习惯罢了"这句深富意义的话牢牢地记在了心中。

事实上，这句话确实具有深刻的哲理。不论是幸运还是不幸的事，人们心中习惯性的想法往往占有决定性的影响地位。有一位名人说："心情阴霾的人，日子都是愁苦，心情欢畅者则常享丰筵。"这句话的意义是告诫世人要设法培养愉快之心，并把幸福当成一种习惯，那么，生活将成为一连串的欢宴。

一份新创刊的《漫画周刊》，为了尽快提升读者对刊物的关注热情和发行量，经过一番策划之后，推出了一项"征画活动"，要求应征作品必须以《世界的最后时刻》为题。征画广告一出，当期的《漫画周刊》马上脱销. 要求加印的电话响个不停, 原因是应征作品的一等奖高达 10 万元, 三等奖也有 3 万元。

在限定的日期内, 来自世界各地的应征作品堆积如山。为了获取高额奖金, 所有的应征作者都将想象力发挥到了极致: 有的画中, 在世界的最后时刻, 情侣紧紧抱在一起, 一边喝酒一边接吻; 有的画中, 在世界的最后时刻, 人们将钞票堆上大街燃烧; 还有的画中, 在世界的最后时刻人们坐上宇宙飞船逃离地球……但最后获得 10 万美元奖金的, 却是一位家庭主妇用钢笔在一张包装纸上画的漫画。她在厨房里洗完碗筷后, 正伸手关紧水管开关, 丈夫则正坐餐桌边啜饮着一杯咖啡, 一边还有一杯冒着一缕热气的咖啡在等着她。在餐桌旁的地板上, 有两个小男孩, 正在做着玩积木的游戏……

评委们对这幅看似平常的获奖作品的评语是: 我们震惊于这一家人的幸福, 他们把幸福当成了习以为常, 即使在世界的最后时刻, 他们也被幸福围绕着。

一般而言, 习惯是生活的累积, 是能够刻意造成的, 因此, 人人都能掌握创造幸福的力量。

养成幸福的习惯, 主要是凭借思考的力量。首先, 你必须拟订一份有关幸福想法的清单, 然后, 每天不停地思考这些想法。其间若有不幸的想法进入你的心中, 你得立即停止, 并将之设法摒除掉, 尤其必须以幸福的想法取而代之。此外, 在每天早晨下床之前, 不妨先在床上舒畅地想象, 然后静静地把有关幸福的一切想法在脑海中重复思考一遍, 同时在脑中描绘出一幅今天可能会遇到的幸福蓝图。如此一来, 不论你面临什么事, 这种想法都将对你产生积极性的效用, 帮助你面对任何事, 甚至能够将困难与不幸转化为幸福。相反, 倘若你一再对自己说: "事情是不会进行得顺利的。"那么, 你便是在制造自己的不幸, 而所有关于

"不幸"的形成因素，不论大小都将围绕着你。

因此，每一天都保持幸福的习惯，是件相当重要的事。

一位真正的园艺家既不会向人炫耀，也不会只想卖花赚钱。他只为看到一园生命的欣欣向荣；他只为看到小芽初碧时惊动泥土大地的那一个跃姿；他只为看到经霜的松枝可以老得多么迷人；他只为看到每一朵花开代表了一个生命的必然胜利。他是在享受美好的生活。

因此我们知道，大自然造人，是让人们学会享受生活。生活就像一部好书，你对它体会得越深，书中的意思就体现得越明确，书中的角色显得越有血有肉，最后，你会从中得到一种完美的享受。

在这个令人兴奋的世界里充满了有趣的事情，不要总是过着乏味的生活。寿命最长的人，不是曾经数过最多岁月的人，而是曾经享受过最多生活的人。

那么，我们该如何去享受生活呢？

首先，我们要对自己的思想和行动有深切的责任感。要言而有信，忠于自己，忠于家庭，忠于工作。无论做什么都要有信心，而且要全力以赴，要做得更好。

一位智者说过："欲得一年富足，可以种谷；但欲得十年富足，则必须栽培人才。"一棵树如果只获得最低限度的养料，虽然可以生存，但不能长大。可是，如果养料超过他所需，则树不但会生存，而且还会长大、结果，人类也是如此。

其次，我们要学会把生活中的失望转化为力量。尽情享受人生的人都能发现，个人所受的考验可使他们更有同情心和爱心。在学会使用这种力量的同时，选一件重要的事，然后尽全力而为之。这样，那件事就会变成你的一部分。衡量成功不要看你已有的成就，而要看你所能达到的成就。

　　最后，我们要学会享受人生的过程。我们生活在一个重视完成任务、对一切问题都必须立刻解决的社会。我们更要学会尽情地享受生活，我们必须一天一天地去过，品尝每天拥有幸福的滋味。我们要全身心地投入生活中的每一刻，用我们全部的感觉去用心享受生活的乐趣。正是这种基于对生活的爱，让我们更加体会到心灵的幸福。